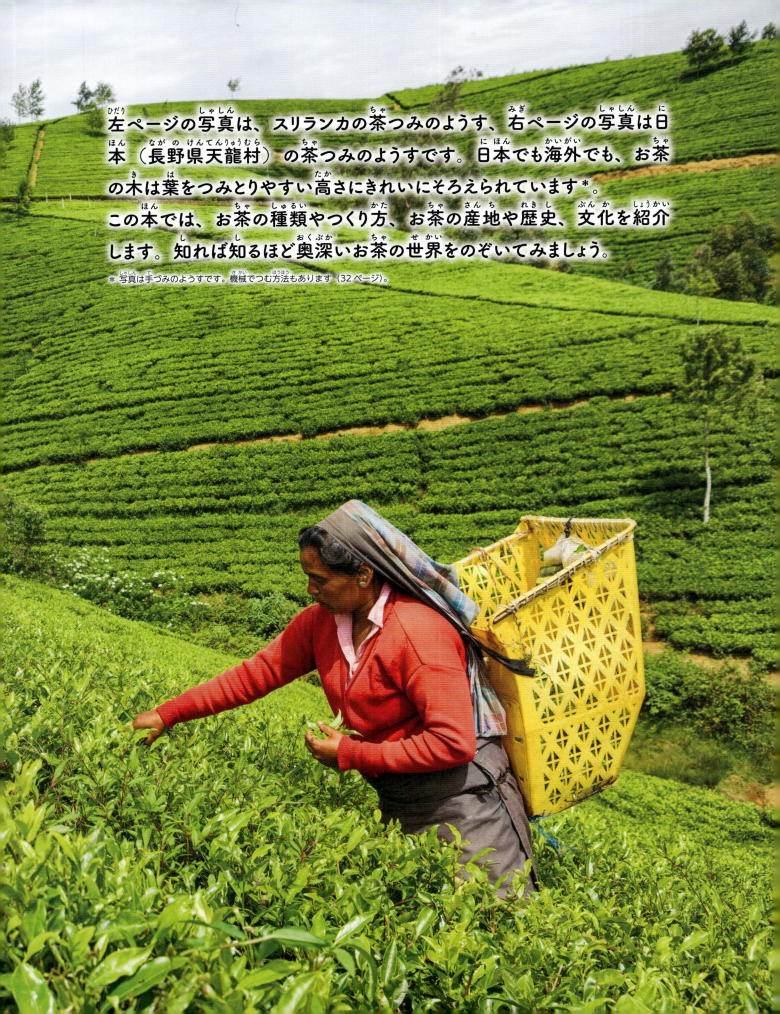

左ページの写真は、スリランカの茶つみのようす、右ページの写真は日本（長野県天龍村）の茶つみのようすです。日本でも海外でも、お茶の木は葉をつみとりやすい高さにきれいにそろえられています＊。
この本では、お茶の種類やつくり方、お茶の産地や歴史、文化を紹介します。知れば知るほど奥深いお茶の世界をのぞいてみましょう。

＊写真は手づみのようすです。機械でつむ方法もあります（32ページ）。

伝えよう！和の文化

お茶のひみつ④

お茶の文化と歴史を知ろう

監修　中村順行
（静岡県立大学 茶学総合研究センター）

はじめに

みなさんは、お茶を飲んだことはありますか？

お茶は世界中で飲まれていますが、もともとは中国から世界中に広まり、その国や地域の歴史や風土、習慣や食生活に合わせて変化して、さまざまな飲み方がされています。

日本には1000年以上前に、仏教とともに伝わり、長い年月をかけて、ほかの国には見られないような日本独自のお茶の種類や文化が形づくられてきました。

日本茶の種類には、せん茶を中心に玉露、ほうじ茶、茶道で用いるまっ茶などがあります。これらのお茶は日本の各地でつくられ、飲まれてきましたが、最近では、お茶の体によい効果が注目され、海外でも和食とともに日本茶への関心が高まり、輸出も増えています。

この本で、お茶の種類や産地、歴史などを知ると、お茶とともにすごす時間がよりいっそうたのしめることでしょう。

もくじ

お茶ってなんだろう？ ………………………………… 4
お茶はどこから伝わったの？ ………………………… 6
お茶はどうやってできるの？ ………………………… 8
どんなお茶があるの？ ………………………………… 10
チャノキ以外でつくる「お茶」とは？ …………… 13
お茶にはどんな栄養があるの？ ……………………… 14
お茶の味のひみつとは？ ……………………………… 18
日本のお茶の産地を見てみよう ……………………… 20
日本ではお茶はどれくらい飲まれているの？ ……… 22
日本のお茶の歴史を見てみよう① 中国からお茶が伝わった … 24
日本のお茶の歴史を見てみよう② 文化として発展したお茶 … 26
日本のお茶の歴史を見てみよう③ しょ民にお茶が広まった … 28
日本のお茶の歴史を見てみよう④ 日本茶が世界へ ……… 30
お茶づくりのうつり変わり …………………………… 32
世界のお茶文化を見てみよう ………………………… 34
中国とイギリスのお茶文化を見てみよう ………… 36
世界のお茶の産地を見てみよう ……………………… 38
世界のお茶の歴史を見てみよう ……………………… 42
お茶が学べる博物館に行こう ………………………… 44
お茶にまつわる言葉を見てみよう …………………… 46
さくいん ………………………………………………… 47

お茶ってなんだろう？

お茶は、チャノキの葉からつくられています。
チャノキはどんな植物で、いつから飲みものの材料となったのでしょうか。

はじめてお茶を飲んだのは？

お茶を世界ではじめて飲んだのは、中国の神話に出てくる神様「炎帝神農」と伝えられています。紀元前2700年ごろ、農業と医りょうの神様である炎帝神農は、毎日、野や山で食べられる植物を探していました。1日に100以上の植物を試食して、そのうち72もの毒にあたり、そのたびにチャノキの葉で解毒していたと伝わっています。
中国（唐の時代：618～907年）の文筆家・陸羽による『茶経』という書物でも、「お茶は神農にはじまる」と書かれ、はじめてお茶を飲んだのが神農であることが伝えられています。『茶経』はお茶に関する最古の本で、お茶のつくり方や飲み方、道具などが体系的にまとめられています。

炎帝神農　　　陸羽
（733～804年）

ポイント
お茶は薬として飲まれていたと伝わっているよ。

チャノキはどんな植物？

お茶の原料である「チャノキ」は、学名*を「カメリア・シネンシス」といいます。カメリアはラテン語でツバキをさしていて、チャノキはツバキ科の常緑樹です。チャノキとツバキの葉や花、実はよく似ています。けれどもお茶（チャノキ）にだけカテキンやカフェインなどの成分がふくまれるため（14ページ）、飲みものとして世界中に広まっていきました。

チャノキの育て方は1巻11ページを見てみよう。

* Camellia sinensis。学問のためにつけられた世界共通の名前です。

チャノキにはどんな種類があるの？

世界でお茶として栽ばいされている代表的な種類は、中国種とアッサム種の2つです。
中国種の葉は大きさが5cmほどと小さく、葉先は丸みがあり、寒さに強いです。アッサム種は葉が15～20cmと大きく、葉先は細長くとがり、寒さには弱いです。日本で育てられているのは多くが中国種です。

提供：静岡県経済産業部農業局「めざせ！お茶博士 こどもお茶小事典」

お茶の葉はどこで育てるの？

お茶の葉（生葉）は、茶畑で育てられます。茶畑で育てたチャノキの葉をつみとり、工場に運んで、蒸す、もむ、乾燥するなどの加工をへて、お茶になります。1ページの茶畑の写真を見ると、スリランカの茶畑も日本の茶畑も、木の高さがきれいにそろっているのがわかります。茶畑では、葉をつみとりやすい高さにチャノキの枝をととのえています。枝をととのえないと、中国種は3～5m、アッサム種は15mもの高さになります。玉露（10ページ）などの上質なお茶は、新芽のやわらかい部分だけを選んで、手でつみます。

機械でつみとりやすい形にととのえられた茶畑。

5m近くまでのびた佐賀県嬉野市の「大茶樹」。500年ほど前に中国からチャノキが伝わり、嬉野市は茶の有名な産地となった（20ページ）。写真の木は、そのときの木が育ったものといわれている。

お茶はどこから伝わったの？

今ではお茶はさまざまな国で飲まれていますが（34ページ）、どこでうまれ、どのように広まったのでしょうか。

🍃 チャノキは中国でうまれた？

チャノキがうまれた場所は、じつはまだ明らかになっていません。現在も多くの学者が研究していますが、もっとも有力な説では、「東亜半月弧」[*1]とよばれる、中国南部の雲南省を中心とした森林地帯でうまれたといわれています。この地域に生育していたチャノキからお茶がつくられ、やがて交易によって日本をはじめ世界中に広まっていきました。

[*1]「東亜」は東アジア、「弧」は弓のような形をあらわしています。

お茶の伝わり方[*2]

[*2] お茶の伝わり方には、いくつかの説があります。

「チャ」と伝わったルート：→
「テ」と伝わったルート：→

お茶のよび方を見てみよう

お茶のよび方は大きく「チャ」と「テ」の2種類に分かれています。日本では「チャ」とよび[3]、中国（広東省）と韓国も「チャ」、モンゴルやトルコでは「チャイ」とよびます。

「チャ」のよび方は、中国南部に位置する広東省の言葉に由来しています。日本や韓国には交易や仏教とともにお茶が伝わりました。また、東西をつなぐ陸の交易の道「シルクロード」を通って、モンゴルやトルコなど西方の地域に伝わったと考えられています。いっぽう英語を話す地域（イギリスやアメリカ）では、「ティー」、フランスやイタリアなどのヨーロッパの国ぐにでは「テ」とよぶ国が多いです。

「テ」のよび方は、広東省より北東にある福建省の言葉に由来しています。お茶は福建省からも海の交易によって広まりました。そのため、海路でお茶が伝わったヨーロッパでは「テ」のよび方が多いのです。ポルトガルで「チャ」とよんでいるのは、広東語を公用語としているマカオからお茶を輸入していたことによります。

＊3 茶道では「さどう」「ちゃどう」ともよびます。

世界のお茶のよび方

広東語系（陸路で伝わった）		福建語系（海路で伝わった）	
中国（広東省）	チャ	中国（福建省）	テ
韓国	チャ	フランス	テ
日本	チャ、サ	イタリア	テ
ポルトガル	チャ	スリランカ	テーイ
イラン	チャ	オランダ	テー
トルコ	チャイ	ドイツ	テー
ギリシャ	チャイ	スペイン	テー
ロシア	チャイ	イギリス	ティー
モンゴル	チャイ	アメリカ	ティー

アメリカ

インド北部やネパールでは「チャイ」とよばれています。

「茶」の漢字は、いつうまれたの？

中国ではもともとお茶をあらわす漢字はなく、「荼」や「茗」などの文字を使っていました。より多く使われたのが「荼」という文字で、これは茶をふくむ野草をあらわす漢字でした。唐の時代（618〜907年）にお茶を飲む習慣が広まり、「荼」から「茶」という漢字が使われるようになりました。日本には、平安時代にこの字が伝わりました。

お茶はどうやってできるの？

緑茶もウーロン茶も紅茶も、すべて同じチャノキからつくられますが、加工のしかたのちがいにより、ことなるお茶ができます。

緑茶はどうやってできるの？

茶畑でつまれたお茶の葉（生葉）は、お茶の農家や工場ですぐに蒸して、もんで、乾燥させ、「荒茶」といわれる状態にします（1巻6ページ）。荒茶は水分量がまだ5％ほどあるため、長く保存できません。また、くきがまざっていたり、葉の大きさもさまざまだったりするため、仕上げ工場に運んで、さらに加工をします。仕上げ工場では、茶葉の大きさが均等になるように「ふるい分け」したあと[*1]、「火入れ」という工程で、熱を加えて乾燥させながら緑茶の味と香りを引き出していきます。その後、産地や生産時期がちがう茶葉などを組み合わせて（「合組」や「ブレンド」といいます）、めざす味わいのお茶に仕上げていきます。

[*1] くきや粉などに分けたものを「出物」といい、くき茶や粉茶など、さまざまなお茶の商品に利用されます。

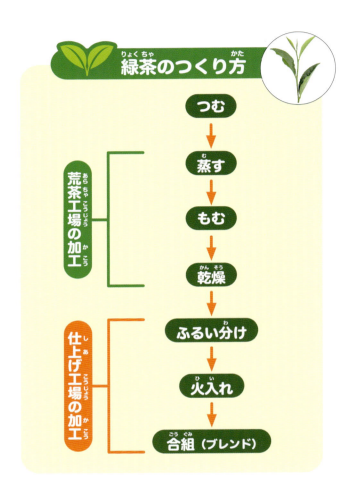

緑茶のつくり方

荒茶工場の加工：
- つむ
- 蒸す
- もむ
- 乾燥

仕上げ工場の加工：
- ふるい分け
- 火入れ
- 合組（ブレンド）

お茶のちがいをきめる「発酵」とは？

緑茶、ウーロン茶、紅茶の加工のしかたはほぼ同じですが、味わいを変える大きなちがいは「発酵」の度合いです。発酵というと、納豆やみそ、チーズのように微生物が食品中のでんぷんや糖、たんぱく質を分解して、味わいや香り、栄養をうみ出す変化が知られていますが、お茶の発酵はちがいます。お茶の葉（生葉）がもっている「酵素[*2]」がはたらき、お茶の葉の成分が変化することをさします。蒸したり、いったりして加熱すると、お茶の酵素のはたらきは止まります。緑茶はお茶の葉（生葉）をつんでからすぐに蒸し、発酵させません。ウーロン茶や紅茶は、つんでから時間をおいて発酵させます。少し発酵させたお茶がウーロン茶、じゅうぶんに発酵させたお茶が紅茶です。茶葉は発酵が進むと、お茶にふくまれるカテキンなどの成分が変化して緑色から赤い色になります。

[*2] 酵素はすべての生物がもつ成分で、生きるうえで必要な消化や代謝などを助けます。お茶の発酵には空気中の酸素もはたらくため、「酸化発酵」ともいいます。

お茶のでき方のちがい

お茶の葉（生葉）

ポイント
蒸したり、いったりして、お茶の葉（生葉）にふくまれる酵素のはたらきを止めることを「殺青」というよ。日本の緑茶は蒸して、中国の緑茶は、いって発酵を止めているんだ。

- 不発酵 → 緑茶（不発酵茶）
- 半発酵 → ウーロン茶（半発酵茶）
- 発酵 → 紅茶（発酵茶）

発酵させないので、「不発酵茶」とよびます。茶葉はあざやかな緑色で、抽出したお茶の色はすんだ黄緑色です。茶葉のさわやかな香りがします。

やや発酵させるので、「半発酵茶」とよびます。茶葉も抽出したお茶の色も、明るい赤色です。酵素のはたらきで、花やナッツのような香りがします。

じゅうぶんに発酵させるので、「発酵茶」とよびます。茶葉、抽出したお茶の色も深い赤（オレンジ）色です。酵素のはたらきで、花やくだもののような香りがします。

お茶の葉をつんだら、発酵させないようにすぐに蒸す。

お茶の葉を太陽の光に当ててしおれさせ、香りを出す。室内にうつし、冷まして、高温でいって発酵を止める。

お茶の葉を、およそ一晩、高温・多湿の室内に置いてしおれさせ、香りを出しながら発酵させる。その後、もみながらさらに発酵させ、熱風で乾燥し、発酵を止める。

どんなお茶があるの？

チャノキを用いて日本でつくられるお茶の多くは緑茶です。お茶の葉（生葉）の育て方や加工のしかたのちがいにより、さまざまな種類の緑茶がつくられています。

緑茶の種類を見てみよう

緑茶はチャノキの育て方やつんだあとのお茶の葉の加工のちがいによって、さまざまな味わいのお茶がつくられています。たとえば、蒸してつくるせん茶では、蒸し時間が長い「深蒸しせん茶」のほうが渋みがおだやかに、濃厚な味わいになるなど、さまざまなお茶の味わいがうまれます。

せん茶（ふつうせん茶）

お茶の葉を蒸す工程は、25～30秒ほど。茶葉は細長い形で、抽出したお茶は黄みがかった緑色。日本茶といえばせん茶というくらい代表的なお茶。

深蒸しせん茶

ふつうせん茶よりも蒸し時間が2～3倍長い。長く蒸すので茶葉が細かくなり、抽出したお茶は深い緑色をしている。濃厚な味わいが特ちょう。

玉露

チャノキにおおいをかけ、直射日光をさけて育てる（11ページ）。太陽の光でうまみのもとであるテアニン（14ページ）が変化して減るのを防ぎ、うまみの多いお茶の葉となる。青のりのような香りで渋みが少ない。

まっ茶　てん茶

まっ茶は茶道で使うお茶。てん茶を石うす（茶うす）でひいて粉末にしたもの。あまみとほのかな苦みがある。てん茶はまっ茶の材料で、玉露と同じようにおおいをして育てたお茶の葉を、蒸して、もまずに乾燥させてつくる。

番茶

成長してかたくなったお茶の葉やくき、秋や冬のおそい時期につまれたお茶の葉を使ったお茶。渋みが少なく、あっさりとした味わい。地域ごとに伝わる番茶もある（12ページ）。

釜いり製玉緑茶

お茶の葉を蒸さずに釜でいる方法でつくられる。茶葉はまが玉状に丸まった形で、釜いりならではのあまい香りがあり、すっきりした味わいが特ちょう。

ほうじ茶

せん茶や番茶を高温でいったもの。茶葉は濃い茶色で、抽出したお茶は明るい茶色。渋みはほとんどなく、香ばしい香りが特ちょう。

玄米茶

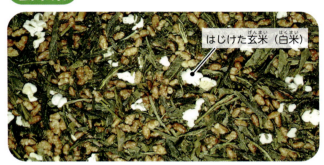

はじけた玄米（白米）

ほした白米を、こげめがつくまでいって、せん茶や番茶にまぜたお茶。「玄米茶」とよばれているが、玄米よりも香りがよい白米を使うのが一般的。いり米の香ばしさ、さらっとした味わいが特ちょう。

緑茶の分類

緑茶は、つみとった茶葉を加工するときに、蒸すか釜でいるかによって「蒸し製」と「釜いり製」に分かれます。蒸し製のお茶は、蒸し時間や使用するお茶の葉の種類によってさらに細かく分かれます。また、完成したお茶（せん茶や番茶）を、さらに加工してつくるほうじ茶や玄米茶などもあります。

玉露やてん茶などはおおいをかけて栽ばいする。

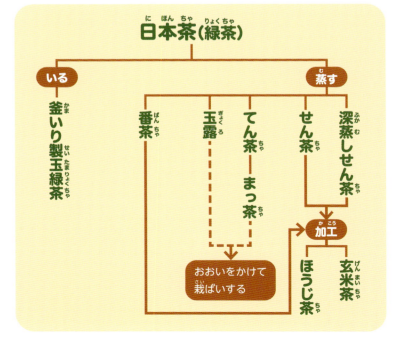

お茶の名前を見てみよう

お茶のパッケージには、「やぶきた茶」や「一番茶」など、いろいろな名前が書かれています。「一番茶」「二番茶」(一番づみ、二番づみ)は、お茶をつんだ時期を、「やぶきた茶」はお茶の品種を、「静岡茶」「宇治茶」はお茶をつくった地域をあらわしています。産地名はその茶葉の使用量が100％以上の場合に使えます。また、やぶきた品種の茶葉だけでなく、べつの茶葉とブレンドした場合、その商品の50％以上にやぶきたを使っている場合は、「やぶきたブレンド」などと表示することができます。

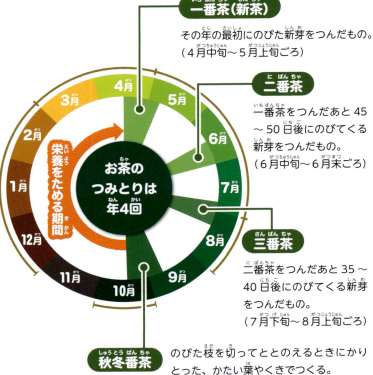

一番茶(新茶)
その年の最初にのびた新芽をつんだもの。
(4月中旬〜5月上旬ごろ)

二番茶
一番茶をつんだあと45〜50日後にのびてくる新芽をつんだもの。
(6月中旬〜6月末ごろ)

三番茶
二番茶をつんだあと35〜40日後にのびてくる新芽をつんだもの。
(7月下旬〜8月上旬ごろ)

秋冬番茶
のびた枝を切ってととのえるときにかりとった、かたい葉やくきでつくる。

茶畑については、1巻8ページを見てみよう。

さまざまな番茶

番茶は、いくつかの種類に分かれます。一般的なのは一番茶から三番茶までのお茶の葉(生葉)がつみとられたあとにつむ茶葉でつくる番茶(秋冬番茶)と、荒茶を仕上げるときに、ふるい分けて取りのぞいた大きな葉でつくった番茶(頭茶)です。そのほかに、新芽をつまずに、そのままのばしてかたくなった葉でつくる地域特有の番茶もあります。「晩い」時期につむので「晩茶」ともあらわします。島根県のボテボテ茶や、徳島県の阿波晩茶などがあり、地域によってつくり方がちがいます。京都で昔からつくられている「京番茶」は、くきや枝ごとかりとった茶葉を用いてつくります。

●**秋冬番茶** 三番茶のあと、秋から冬にうつり変わる時期につまれた葉でつくられる。生産量が少ない。
提供:茶楽園

●**頭茶** 取りのぞいた大きな葉を用いる。やなぎの葉に似ているので、「頭柳」ともいう。あまみと、さっぱりした後味が特ちょう。
提供:すすむ屋茶園

●**京番茶** 京都府の宇治でつくられる番茶。玉露やまっ茶に使う葉をつみとったあと、くきや枝ごとかりとった茶葉を蒸してから、もまずに乾燥し、いってつくられる。

●**島根県のボテボテ茶** あわ立てたお茶にごはんや煮豆などの具を入れて飲む。茶わんに番茶を入れて、茶せん*であわ立てて飲むお茶を「振り茶」という。

*茶道で使う茶せん(2巻6ページ)のほかに、地域の番茶用の茶せんもある。

チャノキ以外でつくる「お茶」とは？

チャノキの葉でつくった飲みものをお茶とよびますが、麦茶やそば茶など、ほかの植物でつくった、お湯をそそいで飲む飲みものもお茶とよんでいます。チャノキ以外の植物からつくられるお茶は正式には「茶外茶」といいます。

ポイント
昔は、お茶は薬として飲まれてきた貴重なものだったから、それにあやかってお茶ではないお茶も「茶」とよばれるようになったという説もあるよ！

麦茶

イネ科の植物である大麦の実をからがついたままいったもの。香ばしく、さっぱりとした味わい。

ハト麦茶

イネ科の植物であるハト麦の実をいったもの。ほんのりあまく、さっぱりとした味わい。

そば茶

そばの実をいったもの。一般的なそばの材料となるそばの実のほか、だったんそばの実を使った「だったんそば茶」もある。

黒豆茶

大豆の種類のひとつである黒豆をいったもの。黒豆の香ばしい風味とほのかなあまみがある。

くわの葉茶

くわの葉を蒸していったもの。「くわ茶」ともよぶ。抽出したお茶はあわい黄金色でほのかなあまみがある。くわの葉は栄養が豊富なため、健康茶として人気。

トウモロコシ茶

トウモロコシの実をいったもの。香ばしさとあまみがある。トウモロコシのひげの部分でつくることもある。

マテ茶

グリーンマテ　ブラックマテ

南米が原産の「イェルバ・マテ」という植物の葉や枝を用いる。乾燥させたグリーンマテと、いったブラックマテがある。干し草のようなさっぱりとした香り。

ルイボスティー

ルイボス　グリーンルイボス

マメ科の植物である「ルイボス」を、発酵させたあと乾燥させる。発酵させないものはグリーンルイボスとよぶ。まろやかでほのかにあまみがある。

こんぶ茶

乾燥させたこんぶを細かくきざんだり、粉末状にしたりして、食塩などと合わせたもの。お湯にとかして飲む。こんぶの香りとうまみがある。写真は粉末のもの。

お茶にはどんな栄養があるの？

お茶（緑茶）の特ちょう的な栄養[1]は、渋み・苦みのもととなるカテキン類、苦みのもととなるカフェイン、あまみ・うまみのもととなるアミノ酸類ですが、ほかにもさまざまな成分がふくまれています。

[1] おもに抽出したお茶にふくまれる成分を紹介します。

お茶の成分とはたらきを見てみよう

お茶は薬として飲まれていたり、仏教の僧が、修行中、ねむけざましにお茶を飲んでいたりしたように、昔から体へのよい効果があると考えられてきました。お茶に多くふくまれているカテキンには、細菌やウイルスをおさえる効果があることがわかり、注目されています（16、17ページ）。お茶を飲んでほっとやすらぐのは、「テアニン」という成分のはたらきです。テアニンは緑茶にのみふくまれる成分です。

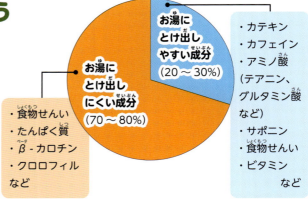

- お湯にとけ出しやすい成分（20〜30％）
  - カテキン
  - カフェイン
  - アミノ酸（テアニン、グルタミン酸など）
  - サポニン
  - 食物せんい
  - ビタミン など
- お湯にとけ出しにくい成分（70〜80％）
  - 食物せんい
  - たんぱく質
  - β-カロチン
  - クロロフィル など

お茶をいれるときに茶葉からお湯にとけ出す成分と、お湯にとけ出さずに茶葉に残る成分がある。摂取するのは、おもにお湯にとけ出す成分だが、まっ茶は茶葉ごと使うので両ほう摂取できる。

カテキン

どんな成分？
お茶の苦みや渋みのもとになる成分で、食品の中でお茶にもっとも多くふくまれる。お茶にはおもに4種類ものカテキンがふくまれている（17ページ）。

どんなはたらき？
老化や病気の原因となる体内の活性酸素[2]を取りのぞいたり、かぜやむし歯の原因となるウイルスや細菌が増えるのを防ぐ。

[2] 呼吸で取りこんだ酸素の一部が、体の細胞をきずつける活性酸素となる。

カフェイン

どんな成分？
コーヒーやチョコレートなどにもふくまれる苦み成分で、脳の神経をしげきし、こうふん作用があるが、お茶にはテアニンなどのアミノ酸もふくまれるため、やわらげられている。

どんなはたらき？
つかれを取ったり、脳をしげきしてねむけを防いだり、心臓や腎臓の機能を活発にして尿の排出をうながすはたらきがある。

テアニン （アミノ酸のひとつ）

どんな成分？
お茶のみにふくまれ、あまみとうまみのもととなる。太陽の光に当たるとテアニンはカテキンに変わる。

どんなはたらき？
テアニンが副交感神経[3]に作用し、リラックスしたときに発生する「α波」が増える。また、ストレスを軽くすると考えられている。

[3] 交感神経と副交感神経は、体のはたらきをコントロールする自律神経。交感神経は活動時、緊張時、ストレスがあるとき、副交感神経は睡眠時やリラックスしているときにはたらく。

アミノ酸類

どんな成分？
大豆や肉類にもふくまれる、お茶のうまみやあまみのもととなる。わたしたちの体の細胞をつくる成分。お茶にふくまれるアミノ酸はテアニン、グルタミン酸、アスパラギン酸、アルギニンなどがある。

どんなはたらき？
お茶のアミノ酸はテアニンがもっとも多く、心や体をリラックスさせてくれるはたらきがある。

サポニン

どんな成分？
苦みのもととなる成分。大豆などマメ科の植物にもふくまれる。ペットボトルのお茶などをふるとあわ立つのはサポニンの性質による。サポニンは、歯みがき粉の成分としても用いられる。

どんなはたらき？
口内の細菌が増えるのを防いだり、炎症をおさえたりするはたらきがある。

食物せんい

どんな成分？
野菜やくだもの、キノコなどにも多くふくまれる。食物せんいには水にとけるものと、とけにくいものがあるが、まっ茶は茶葉そのものを用いるので、とくに食物せんいが豊富。

どんなはたらき？
腸を通るときに水分をふくみ、まんぷく感をあたえ、食べすぎを防ぐ。腸内の不要なものを排出する助けをする。

ビタミンB₂

どんな成分？
水にとけやすいビタミンで、肉類のレバー、うなぎ、卵などに多くふくまれる。細胞を再生させ、皮ふや粘膜（内臓の膜）を正常にたもつ。

どんなはたらき？
皮ふや髪、つめを健康にたもつ。また、食事でとった糖質や脂質、たんぱく質をエネルギーに変える助けをする。

ビタミンC

どんな成分？
アセロラ、レモン、イチゴなど、くだものに多くふくまれる成分で、体の機能をたもつのに欠かせない必須栄養素*4。ほかの食品にくらべ緑茶（とくにせん茶）には多くふくまれる。

*4 体内でつくり出すことができず、不足すると体の不調がおこる。

どんなはたらき？
細胞どうしをつなぐたんぱく質であるコラーゲンをつくる助けをする。ウイルスや細菌から体を守る力を高めると考えられている。

ミネラル

どんな成分？
こんぶやわかめなどにもふくまれる成分で、体の機能をととのえるのに欠かせない。ミネラルの中でも、お茶には、カリウム、カルシウム、フッ素、マグネシウムなどがふくまれている。

どんなはたらき？
もっとも多くふくまれるカリウムは尿を出しやすくし、不要なものを体の外に排出する。カルシウムやフッ素は骨や歯をじょうぶにし、マグネシウムは血液のめぐりをよくする。

緑茶にふくまれるビタミンCのひみつ

緑茶の茶葉には100gあたりビタミンCが300〜500mgふくまれています。ウーロン茶には44mg、紅茶にはふくまれていません。また、ビタミンCは熱に弱く、水にとけやすい性質がありますが、お茶のビタミンCはカテキンにより守られているため、熱いお湯でいれても失われず、摂取することができます。

レモン（100g）／100mg

緑茶（100g）／300〜500mg

おとなが1日に必要とするビタミンは100mg。緑茶（せん茶）なら、4〜5杯で約半分の量（60mg）をとれる。

イチゴ（100g）／62mg

お茶にはどんな体によい効果があるの？

昔はお茶は手に入りにくい高級品で、薬として飲まれていたように、体によいはたらきがあると考えられてきました。近年になり、研究によってお茶のもつ体によいはたらきが科学的に明らかになってきました。とくにカテキンとカフェインは、ほかの植物にほとんどふくまれていないお茶特有の成分として注目されています。お茶にふくまれるどんな成分が、どんなはたらきをするのでしょう。

期待されるお茶のはたらき

ストレスの改善・集中力アップ
テアニンが副交感神経に作用し、心身をリラックスさせ、集中力も高めることができるとされる。

かぜの予防
カテキンの力でウイルスから体を守る力が高まったり、ウイルスのはたらきを弱めたりすると考えられている。お茶でうがいをすると、のどについたウイルスが増えるのを防ぐことができる。

ねむけざまし
カフェインが脳や神経をしげきして、脳のはたらきが活発になることで、ねむけがさめる。そのため、お茶は「目ざまし草」ともよばれていた。気分をすっきりさせる効果もある。カフェインは、疲労回復にも効果があるとされている。

アレルギーをおさえる
カテキンには花粉やほこり、ダニなどによるアレルギー症状をおさえる力があるとされる。お茶の品種によって差があり、とくに「べにふうき」*1でつくった緑茶がよいといわれている。

*1 べにふうきは紅茶用の品種。紅茶ではカテキンの量が減ってしまうので（17ページ）、緑茶のほうが成分を摂取しやすいです。

むし歯の予防
カテキンによりむし歯菌などが口の中で増えるのを防ぎ、むし歯になりにくくする効果があると考えられている。**フッ素**は歯をじょうぶにすると考えられている。

食中毒の予防
カテキンが食中毒の原因となる菌を殺菌して、食中毒を防ぐ効果があるとされる。腸によいといわれるビフィズス菌を増やし、腸の環境をととのえるともいわれている。

ポイント
お茶には、カテキン、カフェイン、テアニン、ビタミン、食物せんい、ミネラルなどの栄養もふくまれているけれど、健康をたもつ機能が期待されることから、「保健機能食品」として注目されているよ。

お茶特有の成分「カテキン」とはなんだろう？

お茶の苦みや渋みのもととなる成分を「カテキン」といいます。カテキンはポリフェノール[*2]の一種で、植物にふくまれる苦みや渋みの成分です。さまざまな食品の中でもお茶にはカテキンが多くふくまれ、同じチャノキからつくられるお茶の中でも緑茶がもっとも多いです。

緑茶にふくまれているカテキンはおもに4種類[*3]あり、中でも「エピガロカテキンガレート」というカテキンがもっとも多く、緑茶だけにふくまれています。カテキンにはがんやアレルギー症状を予防したり、コレステロール[*4]をおさえたりするなど、さまざまな健康をたもつ機能があるといわれています。このほかにも殺菌作用や、消臭・脱臭作用などもあると考えられています。

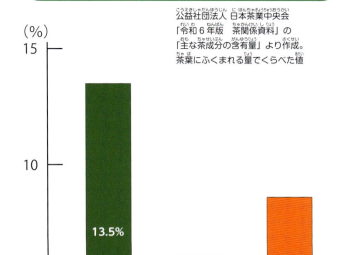

お茶にふくまれるカテキンの割合

公益社団法人 日本茶業中央会「令和6年版　茶関係資料」の「主な茶成分の含有量」より作成。
茶葉にふくまれる量でくらべた値

- 緑茶（せん茶）: 13.5%
- ウーロン茶: 6.1%
- 紅茶: 8.6%

[*2] 地上で育つ植物のほとんどにふくまれている酸化をおさえる成分です。
[*3] エピカテキン、エピガロカテキン、エピカテキンガレート、エピガロカテキンガレートの4種類がおもなカテキンです。
[*4] 血液中にある脂質のひとつで、悪玉と善玉があり、悪玉が増えすぎると動脈硬化などをおこすといわれています。

じゃ口から緑茶が出る学校がある!?

静岡県の島田市はお茶の産地です（21ページ）。市民のくらしには、お茶が欠かせません。水とうにお茶を入れてもち歩いたり、旅行先にもふだん飲んでいる茶葉をもって行って、飲んだりするそうです。

島田市の学校では、じゃ口から緑茶が出る学校があり、子どもたちはお茶は飲むだけでなく、うがいにも用います。じゃ口から出てくるお茶は冷たいお茶です[*5]。10〜4月の寒い時期は、冷たいお茶で体を冷やさないように、じゃ口のお茶は止めていますが、子どもたちは温かいお茶を水とうに入れてもって来るそうです。お茶の産地ならではのお茶を飲む習慣は、学校でも家庭でも根づいています。

島田市の小学校では、じゃ口から冷たい緑茶が出る。

[*5] 変色しないように、冷やしたお茶を用いています。

お茶の味のひみつとは？

お茶の味（あまみやうまみ、苦みや渋み）はお茶のどんな成分によるのでしょうか。

お茶の味わいをきめる おもな3つの成分

お茶の味は、あまみ、うまみ、苦み、渋みが合わさってできています。味わいをつくり出しているのはおもにアミノ酸、カフェイン、カテキンの3つの成分です。中でもお茶の味の特ちょうといえる苦みや渋みを出す成分は、カテキン類とカフェインです。あまみやうまみのもととなるのがアミノ酸です。それぞれの成分が組み合わさって味がつくられているので、お茶の味は成分量のバランスによって変わります。

お茶の3つの成分

お茶のうまみとは？

和食のだしとして使われる、こんぶやかつおぶし、干ししいたけなどの食品の「うまみ」は、アミノ酸の中のグルタミン酸、イノシン酸、グアニル酸などによりうまれる味わいです。うまみは、食べもののおいしさを感じるために欠かせないものとされています。お茶にも、うまみのもととなるグルタミン酸やテアニンがふくまれています。テアニンはお茶にのみふくまれる成分です（14ページ）。グルタミン酸は、テアニンよりも強くうまみを感じます。うまみが強いといわれるお茶である玉露や上質なせん茶にはグルタミン酸が多くふくまれています。

代表的なうまみの成分

こんぶに多い。

かつおぶしに多い。

干ししいたけに多い。

お湯の温度で味わいが変わる？

お茶の味をつくるおもな成分であるアミノ酸、カフェイン、カテキンは、お茶をいれるときのお湯の温度によってとけ出し方がちがいます。アミノ酸はお湯の温度に関係なくとけ出しますが、カフェインは高温になると一気にとけ出し、カテキンは温度が高くなるにつれてじょじょにとけ出します。

お湯の温度	ぬるめ（50℃くらい）	ふつう（70℃くらい）	熱め（95〜100℃）
味わい あまみ・うまみ（アミノ酸） 渋み・苦み（カフェイン、カテキン）	カフェインとカテキンはあまりとけ出さないため、アミノ酸によるあまみとうまみが強くなる。	それぞれの成分がほどよくとけ出す。あまみとうまみ、苦味、渋みのバランスがとれた味になる。	うまみもあるが、高温でとけ出しやすいカフェインとカテキンによって苦みや渋みが増し、濃厚な味になる。

おすし屋さんで、お茶が出るのはなぜ？

おすし屋さんではお茶が出ることが多いですね。その理由は、お茶はおすしを食べたあとの魚の生ぐささを消し、口の中をさっぱりとさせてくれるので、つぎのネタをおいしく食べることができるからです。また、生ものの鮮度をたもつのがむずかしかった昔、カテキンの殺菌効果で生の魚や貝などの食中毒を防ごうとしたなごりともいわれています。

おすし屋さんで出てくるお茶の多くは、せん茶の仕上げ工程でふるい分けされた細かい葉を使った「粉茶」です。あまみやうまみの強い上質な玉露（10ページ）ではなく、せん茶を使うのは、渋み成分が多くふくまれるため、口の中がさっぱりするからと考えられています。

回転ずしなどでは、せん茶を粉にした「粉末茶」を使っています。

日本のお茶の産地を見てみよう

お茶はもともと東アジアでうまれた植物で（6ページ）、あたたかい地域で栽ばいされています。日本では、どのような地域でどんなお茶がつくられているのでしょう。

緑茶(荒茶*1)の生産量1位は静岡県、2位は鹿児島県、3位は三重県

日本の荒茶の生産量の合計は7万5,200トンです。もっとも多いのは静岡県、2位は鹿児島県、3位は三重県です（2023年）。お茶の生産には、平均気温が14〜16℃、年間降水量が1,300mm以上、冬季に気温が適度に下がる土地が適しています。霧の多いところでは太陽の光をさえぎる効果があるため、あまみ、うまみが多いお茶が育ちます。また、朝晩の寒暖差があると、チャノキは昼に光合成をしてつくり出した養分を夜使わずにたくわえておけるので*2、うまみが増すといわれています。

*1 茶畑でつんだ茶葉を、保存できるように加工したものです（1巻6ページ、本書8ページ）。
*2 夜の気温が高いとチャノキの呼吸が多くなり、養分を多く使います。

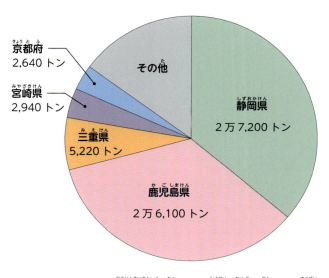

全国の荒茶生産量

- 静岡県 2万7,200トン
- 鹿児島県 2万6,100トン
- 三重県 5,220トン
- 宮崎県 2,940トン
- 京都府 2,640トン
- その他

農林水産省「茶をめぐる情勢（令和7年）」より作成

九州・沖縄地方

福岡県	八女茶、星野茶
佐賀県	うれしの茶、唐津茶
長崎県	そのぎ茶、世知原茶、ごとう茶
熊本県	矢部茶、いずみ茶、球磨茶、鹿北茶、みなまた茶、蘇陽茶
大分県	耶馬渓茶、きつき茶、因尾茶
宮崎県	都城茶、児湯茶
鹿児島県	知覧茶、枕崎茶、有明茶、みぞべ茶、宮之城茶、田代茶、松元茶、薩摩茶、霧島茶、種子島茶、屋久島茶
沖縄県	呉我茶

温暖で雨が多い地域なので、お茶の栽ばいに適しており、各地に産地がある。生産量全国2位の鹿児島県は、桜島から長年ふりそそいだ火山灰によって、水はけがよくミネラルも豊富な土があり、気候もあたたかいのでお茶が育ちやすい。福岡県の「八女茶」や、佐賀県の「うれしの茶」は、おもに山間部で育てられ、霧深く朝晩の気温差があるため、良質でうまみの強いお茶が育つといわれる。

中国・四国地方

鳥取県	鹿野茶、智頭茶
島根県	出雲茶、伯太茶
岡山県	海田茶、勝山茶
広島県	世羅茶
山口県	山口茶、小野茶
徳島県	歩危茶、相生緑茶
香川県	高瀬茶、香川茶
愛媛県	鬼北茶、宇和茶、久万茶、新宮茶、富郷茶
高知県	土佐茶、四万十茶

四国山地がそびえる四国地方はきふくに富み、平たんで広い茶畑がつくりにくいので生産量は多くないが、山間部の特ちょうをいかしたお茶づくりをおこなう地域が多い。とくに西日本最高峰の石鎚山（標高1,982m）がある愛媛県では、山間部に産地が多く、霧や寒暖差の影響でよいお茶が育つ。中国地方も生産量は少ないが、茶人だった江戸時代の藩主・松平不昧（2巻42ページ）がお茶の栽ばいをはじめた島根県など、各地に産地がある。

公益社団法人 日本茶業中央会「令和6年版 茶関係資料」の「全国の茶産地と茶の呼称」より作成（特殊茶、特殊な飲み方のお茶をのぞく）

中部地方

新潟県	村上茶
石川県	中居茶
山梨県	南部茶
長野県	赤石銘茶、伊那茶
岐阜県	揖斐茶、白川茶、美濃白川茶
愛知県	新城茶、西尾茶、豊田茶、田原茶、豊橋茶

温暖な太平洋側と寒冷な日本海側で気象条件がことなり、お茶にも各地の特ちょうが出る。新潟県村上市の、海側の雪が少ない地域で育つ「村上茶」は日照時間が少なく、光合成によりうまみが渋みや苦みに変化することをおさえられるので、お茶の葉（生葉）に養分がたくわえられ、あまみが強い。太平洋側では、愛知県の「西尾茶」のまっ茶が品質がよいと知られている。矢作川の霧と温暖な気候が、茶葉にあまみとうまみをもたらす。

東北地方

宮城県	桃生茶

お茶は、寒冷な東北地方では育ちにくいので、産地も少ない。生産量が少なく、貴重なお茶として知られる宮城県の「桃生茶」は、北上川の霧を浴びて育つため、苦みが少ないまろやかなお茶になる。

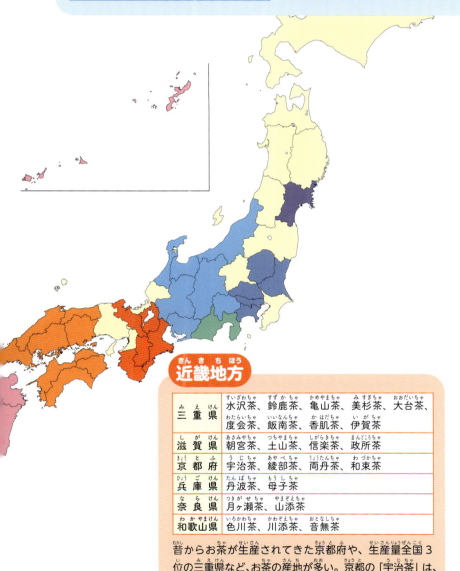

関東地方

茨城県	奥久慈茶、猿島茶、古内茶
栃木県	鹿沼茶、黒羽茶
埼玉県	狭山茶、秩父茶、児玉茶、河越茶
東京都	東京狭山茶
神奈川県	足柄茶

富士山や箱根山などの火山灰がたまった土（関東ローム層）は、水はけがよく栄養が豊富。その関東ローム層にある東京都と埼玉県にまたがる狭山丘陵でつくられる「狭山茶」は、しっかり火入れをする「狭山火入れ」によって、香り高いお茶となる。

静岡県

静岡県	沼津茶、富士茶、裾野茶、本山茶、安倍茶、清水茶、岡部茶、藤枝茶、志田茶、榛原茶、川根茶、島田茶、金谷茶、さがら茶、御前崎茶、掛川茶、東山茶、菊川茶、小笠茶、袋井茶、磐田茶、天竜茶、遠州森の茶、浜松茶、春野茶

日本一のお茶の産地。鎌倉時代（1185～1333年）からお茶がつくられたといわれるが、生産が拡大したのは輸出品としてお茶が注目されたことや、明治時代に幕府が解体され、職を失った武士たちにより県の南西にある牧之原台地が開たくされ、大きな茶園がつくられたことなどがきっかけ。温暖な気候でお茶が育ちやすく、県内各地で生産されている。静岡県中部の安倍川上流の山間部で生産される「本山茶」は、川霧を浴びて育つため、さわやかな香りの上質なお茶となる。平野部の「掛川茶」「菊川茶」は、日ざしを多く浴びて、渋みが出やすいので深蒸し茶にして、お茶のうまみを引き出している。

近畿地方

三重県	水沢茶、鈴鹿茶、亀山茶、美杉茶、大台茶、度会茶、飯南茶、香肌茶、伊賀茶
滋賀県	朝宮茶、土山茶、信楽茶、政所茶
京都府	宇治茶、綾部茶、両丹茶、和束茶
兵庫県	丹波茶、母子茶
奈良県	月ヶ瀬茶、山添茶
和歌山県	色川茶、川添茶、音無茶

昔からお茶が生産されてきた京都府や、生産量全国3位の三重県など、お茶の産地が多い。京都の「宇治茶」は、まっ茶の産地として知られ、コクと香りの高さ、きれいな緑色が特ちょう。室町時代に3代将軍の足利義満が、宇治の茶園をすぐれた名園としてみとめ、現在も質の高いお茶をつくる産地となっている。太平洋に面した三重県は、年間を通して温暖な地域でお茶が育ちやすい。北部では、玉露のあまみとせん茶のようなさわやかな香りをもつ、「かぶせ茶*3」（「水沢茶」など）の生産が多い。

*3 玉露などのように、おおいをかけて栽ばいするお茶。

日本ではお茶はどれくらい飲まれているの？

お茶（緑茶）の消費量のうつり変わりを見てみましょう。

緑茶の消費量はどれくらい？

緑茶の茶葉の消費量で見ると、記録がある中でお茶がもっとも飲まれていたのは1975年で、消費量は年間約11万トンでした。この時代、食事中や食後の団らんの飲みものといえばきゅうすでいれたお茶でした。現在では、食の西洋化が進んだり、清涼飲料水などの飲みものの種類が増えたりしたため、消費量は少しずつ減り、2023年の消費量は約7万トンです。1人あたりの緑茶の茶葉の購入量では、1975年には約1,000gでしたが、2023年には約570gまで減っています。茶葉の消費量は減っていますが、ペットボトルなど緑茶飲料の生産量は増えつづけています。2013年は約252万kLでしたが2023年では約292万kLとなりました。緑茶の飲み方は変わっても、緑茶はわたしたちのくらしに欠かせない飲みものであることは変わりません。

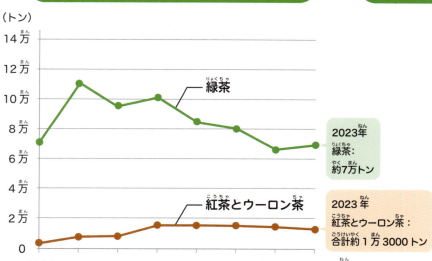

公益社団法人 日本茶業中央会「令和6年版 茶関係資料」の「各種飲料の消費量の推移」より作成

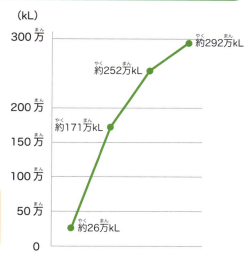

公益社団法人 日本茶業中央会「令和6年版 茶関係資料」の「緑茶ドリンクの年次別生産量」より作成

日本で一番お茶を飲んでいる地域は？

日本でもっとも多く緑茶を飲んでいる地域はどこでしょうか。2023年の統計では、1世帯あたりの茶葉の購入金額でくらべると、1位は静岡市で1万124円です。2位は佐賀市、3位は浜松市、4位は宮崎市、5位は北九州市です。消費量の多い地域である静岡県や九州は、茶葉の生産量も多い地域です（20～21ページ）。

ポイント

コーヒー・ココアの購入が多い地域は、パンの消費が多い地域と重なるよ。総務省「家計調査」（2021～2023年の平均）によると、パンの消費は京都市が1位、大津市は3位、岡山市は10位だよ。また、札幌市や青森市は寒い地域で、お茶の産地ではないことも理由として考えられるね。

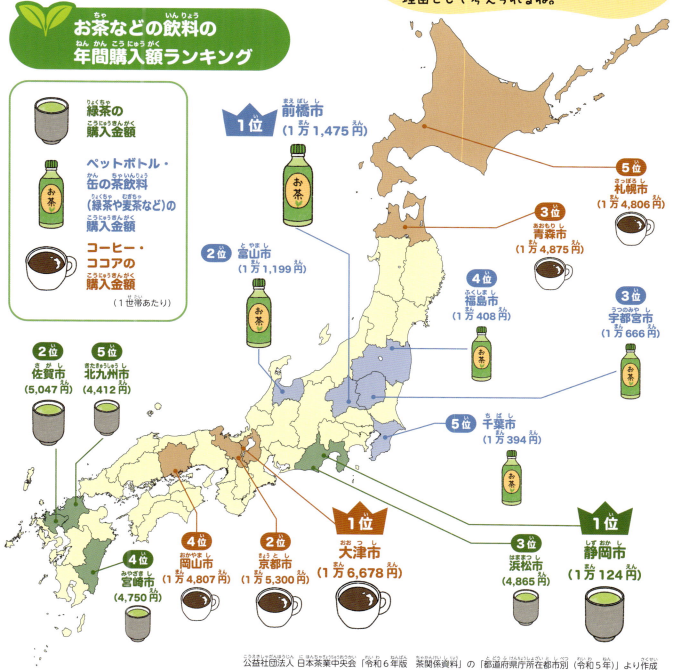

お茶などの飲料の年間購入額ランキング

- 緑茶の購入金額
- ペットボトル・缶の茶飲料（緑茶や麦茶など）の購入金額
- コーヒー・ココアの購入金額
（1世帯あたり）

1位 前橋市（1万1,475円）
2位 富山市（1万1,199円）
2位 佐賀市（5,047円）
5位 北九州市（4,412円）
4位 宮崎市（4,750円）
4位 岡山市（1万4,807円）
2位 京都市（1万5,300円）
1位 大津市（1万6,678円）
3位 浜松市（4,865円）
1位 静岡市（1万124円）
5位 千葉市（1万394円）
4位 福島市（1万408円）
3位 宇都宮市（1万666円）
3位 青森市（1万4,875円）
5位 札幌市（1万4,806円）

公益社団法人 日本茶業中央会「令和6年版 茶関係資料」の「都道府県庁所在都市別（令和5年）」より作成

日本のお茶の歴史を見てみよう①
中国からお茶が伝わった

日本では、いつごろからお茶（緑茶）が飲まれてきたのでしょうか。
日本のお茶のはじまりを見ていきましょう。

日本にお茶を伝えた人は？

日本にお茶が伝わったのは平安時代（794〜1185年）といわれています。中国（唐の時代：618〜907年）に渡った遣唐使という使節団により、唐のすぐれた文化が日本に伝えられ、そのときにお茶も伝わったといわれています。唐から伝わったお茶は、「餅茶」または「団茶」とよばれる、蒸した茶葉を粉にしてかためたものでした。このお茶は現在のせん茶とはちがい、ふっとうした釜の中に粉にした茶を入れて煮出して飲んでいました（せんじ茶といいます）。抽出したお茶の色も緑ではなく、茶色でした。

中国の「餅茶」。現在も餅茶は、中国の一部の地域でつくられている。飲むときは、必要なぶんだけ切り取り、火であぶってから、くだいて粉末にしてぐつぐつとお湯で煮出して飲む。

天皇への献上品だったお茶

日本でお茶が飲まれていたもっとも古い記録は『日本後紀』に書かれています。そこには仏教の僧である永忠（743〜816年）が815年ごろ嵯峨天皇にお茶を献上したとあります。永忠は遣唐使として唐に渡り、お茶を飲む習慣である「喫茶」について学んだといわれています。永忠のいた滋賀の梵釈寺に嵯峨天皇がおとずれたときに、お茶をいれて献上しました。嵯峨天皇はお茶をたいへん気に入り、各地にチャノキを植えるように命じて、毎年献上させるようになりました。この時代、お茶の栽ばいははじまっていたものの、飲むことができたのは天皇や僧侶など、限られた高い身分の人たちだけでした。

日本でお茶の栽ばいが広まる

平安時代に唐から日本に伝わったお茶ですが、お茶の文化は広くはゆき渡りませんでした。日本にふたたびお茶をもたらしたのは、仏教（臨済宗）の僧である栄西＊です。

中国（宋の時代：960～1279年）に渡った栄西は、お茶の種とお茶の飲み方を日本に伝えました。このときに伝わったお茶の飲み方は、蒸した茶葉を細かくくだいてお湯をそそぐ「まっ茶法」です。

鎌倉時代（1185～1333年）、鎌倉幕府の将軍・源 実朝が気分がすぐれなかったとき、栄西がお茶をすすめたところ、実朝はたちまち元気になり、たいそうよろこんだと伝えられています。さらに栄西はお茶の健康への効果などを記した『喫茶養生記』を実朝に献上し、お茶が広まるきっかけとなりました。

また、栄西が宋からもち帰ったお茶の種をゆずり受けた仏教の僧である明恵は、京都の栂尾という地域で種をまき、チャノキを育てました。できたお茶は「栂尾茶」とよばれ、上質な茶として知られるようになりました。その後、明恵はチャノキの栽ばいを広めるため、育てた木をより栽ばいに適した宇治へ移植します。これが現在の「宇治茶」のはじまりとなりました。

＊「えいさい」ともよびます。

栄西

明恵が開いた栂尾茶園にある石碑。高山寺は現在も茶畑でお茶を栽ばいしている。提供：高山寺

縁起のよいお茶「大福茶」の起源は？

関西地方では、お正月に1年の邪気をはらい、新年を祝うため、梅干しやこんぶを入れたお茶「大福茶」を飲む習慣があります。

平安時代、京都では疫病が流行していました。病気をしずめるために、六波羅蜜寺（京都の真言宗の寺）の僧・空也がお茶に梅干しとこんぶを入れて観音様の像にそなえました。同じものを村上天皇に献上し、しょ民にもふるまったところ、疫病がおさまったのです。

それ以来、村上天皇は正月にこのお茶を飲むようになりました。お茶はしょ民には手の届かないものでしたが、縁起のよい大福茶は評判となり、これをきっかけに広く知られていきました。

日本のお茶の歴史を見てみよう②
文化として発展したお茶

鎌倉時代に広まったお茶を飲む習慣は、やがて「闘茶」や「茶の湯（茶道）」などの文化として人気を集めていきました。

和歌をよみお茶をたのしむ「会所の茶」

室町時代（1336～1573年）、貴族や武士などは屋しきの中の「会所」とよばれる来客用の部屋に集まり、和歌をよんだり食事をしたりする集まりを開いていました。その集まりで出されていたのはまっ茶で、「会所の茶」とよばれています。中国から伝わった「唐物」とよばれる高価な絵画や花びんなどを室内にかざり、茶をたてる茶道具にも唐物を用いていました。交流をたのしむ集まりの流行とともに、お茶も貴族や武士の間に広まっていきました。室町幕府の将軍・足利義政も多くの唐物の茶道具を所有していたといわれています。

室町時代の会所のようす。お茶はべつの部屋でたてて出すこともあった。お茶をたてるための茶わんと茶せんがえがかれている。
「慕帰繪々詞」提供：国立国会図書館

お茶を当てる「闘茶」が大流行

鎌倉時代（1185～1333年）末期に中国（宋の時代：960～1279年）から「闘茶」が日本に伝わりました。闘茶は、中国ではお茶のたて方を競う遊びでしたが、日本で流行した闘茶は、お茶の産地を当てる遊びです。明恵により栽ばいされた栂尾（25ページ）のお茶を「本茶*1」、ほかの産地のお茶を「非茶」として、飲んで当てる遊びでした。室町時代には会所を中心に、貴族や武士の間でますます人気となりました。やがてかけごととして流行したことから、幕府が「建武式目」という法令で禁止するほどでした。

「茶寄合」（闘茶のこと）を禁止している。

「建武式目」
提供：国立国会図書館

*1 栂尾のお茶は、当時上質なお茶として名高かったので「本茶（本物のお茶の意味）」といわれました。

「わび茶」の誕生から「茶の湯」の発展まで

はなやかな唐物を鑑賞しながらたのしむ「会所の茶」や産地を当ててたのしむ「闘茶」に対して、お茶を伝えた仏教の禅宗の精神性を大事にしたいと考える村田珠光*2 によって室町時代中期に「わび茶」はうまれます。わび茶は亭主と客が精神的な交流を深めることを重視しました。珠光の弟子の武野紹鷗がわび茶を受けつぎ発展させ、やがて弟子の千利休が「茶の湯」として確立しました（2巻44ページ）。

利休は、織田信長や豊臣秀吉などの天下統一をめざす武士に注目され、取り立てられ、活やくします。1587年10月1日に秀吉が主催し、利休が茶頭*3 をつとめた、京都の北野天満宮の一帯で開かれた茶会「北野大茶湯」は、町人や農民なども身分に関係なく参加でき、茶屋が1,500（800とも）も並ぶ大規模なものでした。北野大茶湯は、茶会という交流の場でもあり、秀吉が権力をアピールした場でもありました。お茶は、権力者によって政治にも利用されるようになっていったのです。

*2 むらたしゅこうともよびます。
*3 茶会を取り仕切る役で、茶室のかざりつけや準備、茶会の進行や道具の管理をおこないます。

「茶の湯」を確立させた千利休。提供：堺市博物館

京都の北野天満宮一帯で開かれた北野大茶湯の記念の石碑が残っている。
提供：北野天満宮

喫茶店のはじまり「一服一銭の茶」とは？

鎌倉時代末期から、お茶は上流階級の間で流行していましたが、しょ民にはなじみが薄い飲みものでした。やがて室町時代になると、お寺の門前で参拝者に向けて僧がお茶（せんじ茶）をふるまう商売がうまれます。茶道具を外にもち出し、路上で売る屋台のようなスタイルから、小屋を建てて商売をするものまであったそうです。1杯1銭*4 で売っていたことから、「一服一銭の茶」とよばれました。これは喫茶店のはじまりともいわれています。こうしてしょ民にも、お茶は手の届くものになっていきました。

一服一銭の茶屋のようす。茶わんと茶せんを使って、茶をたてている。「職人尽歌合」
提供：国立国会図書館

*4 1文銭1枚（1文）のこと。そば1杯が16文で売られていました（江戸時代中期の場合）。

日本のお茶の歴史を見てみよう③
しょ民にお茶が広まった

江戸時代（1603〜1868年）になると、お茶づくりがさかんになり、やがて上流階級だけでなく、しょ民も飲めるものとなり、日本中で親しまれるようになりました。

「茶の湯」が教養として広まった

千利休（27ページ）が広めた茶の湯（茶道）は、江戸時代、武士の間で教養として広まっていきました。大名たちはお茶にくわしい商人などを茶頭（27ページ）として召しかかえたり、お茶にくわしい大名が、武士たちにお茶を指導する「大名茶人」として活やくしたりしました。代表的な大名茶人は古田織部や小堀遠州（2巻46、47ページ）です。

茶どころとして知られていた府中（現在の静岡県）の茶つみのようす。
「東海道五十三次　府中」歌川広重作
提供：国立国会図書館

まっ茶をもとめる人たちが増えて、お茶づくりもさかんになりました。幕府におさめる年貢（国におさめる税）として、お茶を集めていた記録もあります。

将軍にお茶を届ける「お茶つぼ道中」

毎年新茶の時期に、将軍に献上するためのお茶を上質なまっ茶の産地である宇治から江戸の将軍のもとへ届ける儀式「お茶つぼ道中」がおこなわれました。茶つぼを守る人や使者たちが行列をつくり、道中を歩きました。行列が通る間は、だれもが道をあけ、頭を下げていなければならなかったそうです。

童謡「ずいずいずっころばし」の中の「茶つぼに追われてどっぴんしゃん　ぬけたらどんどこしょ」という歌詞は、お茶つぼ道中に由来しています。「茶つぼの行列が来たら、戸を閉めて静かにしていよう、行列がすぎたら安心」という意味です。

— 茶つぼの入ったかご

空の茶つぼをもった行列は江戸から京都の宇治へ向かい、宇治でまっ茶のもととなるてん茶（10ページ）を茶つぼにつめ、江戸にもどってきた。
「御茶壺之巻」／提供：国立国会図書館

お茶の生産が広がり しょ民もお茶をたのしんだ

「茶の湯」がさかんになると、まっ茶の生産も拡大しました。まっ茶を飲むのは貴族や武士などの上流階級に限られ、しょ民は口にすることはできませんでした。

やがて、しょ民はまっ茶に使われるチャノキのやわらかいくきや葉である、一芯二葉（1巻6ページ）の下のかたくなった葉などを用いて、お茶を飲むようになりました。しょ民が飲んでいたのは赤茶色をした番茶です。お茶の葉（生葉）を煮て、太陽の光に干しただけのかんたんなつくり方でした。このころ、番茶をまっ茶のようにあわ立てて飲む「振り茶」（12ページ）も飲まれていたといわれています。お茶が広まると、お茶とともに食べものを出す茶店も増えていきました。

茶店のよう。茶店ではたらく看板娘で人気のある女性が浮世絵にえがかれた。お仙もその1人。
「お仙と若侍」鈴木春信／提供：メトロポリタン美術館

お茶づくりの革新！ せん茶と玉露が誕生

江戸時代のはじめに中国（明の時代：1368〜1644年）からやってきた仏教（禅宗）の僧・隠元禅師が、茶葉を鉄の釜でいって、もんで、乾燥させる「釜いり茶」の製法を伝えます。隠元禅師は茶葉にお湯をそそいで飲む「淹茶法」という飲み方も伝えました。釜いり茶の製法や淹茶法にヒントを得て、1738年ごろ、京都の宇治にくらす農業研究者・永谷宗円（1681〜1778年）*1が、お茶の葉（生葉）を蒸して、もんで、乾燥してつくる「蒸し製せん茶」をうみ出します。抽出したお

隠元禅師

永谷宗円

茶は美しい緑色をたもち、味や香りもよくなり、せん茶が広まっていきます。せん茶は作家や画家、学者などの文人を中心に愛されたことから、「文人茶」ともよばれました。また、1835年に、茶商・山本嘉兵衛（生没年不明）*2がこれまでのせん茶の茶葉とことなる方法でつくった高級な玉露を広めて、お茶の種類も豊かになっていきます。

*1 10代目の永谷嘉男が現在の「永谷園」を創業。*2 茶商とは、お茶を売る商人のこと。京都から江戸の日本橋にやってきた山本嘉兵衛が創業したお店が現在の「山本山」です。

日本のお茶の歴史を見てみよう④
日本茶が世界へ

1610年に鎖国*1中の日本（江戸幕府）で貿易が許されていた長崎の平戸で、オランダの東インド会社が日本のお茶を購入し、ヨーロッパにもち帰ったのが、はじめてのお茶の輸出といわれています。その後、お茶はどのように世界に広まっていったのでしょうか。

*1 海外の国との貿易や人の行き来をしないこと。

明治時代の２大輸出品「生糸」と「お茶」

1853年、ペリーが軍艦を率いて浦賀*2に来航したのをきっかけに日本は開国し、1858年、アメリカと日米修好通商条約を結び、ヨーロッパの国ぐにとも通商条約を結びます。貿易がはじまると、日本からはおもに生糸*3とお茶が輸出されました。このとき輸出されたお茶はせん茶でした。

明治維新をへて、近代国家をめざして急速に近代化を進めていた日本（明治政府）は、輸出品としてお茶に注目しました。お茶の栽ばい地域は拡大し、

幕末から明治時代のお茶づくり。日本各地の名産品とつくり方がえがかれた錦絵の中に、宇治茶のつくり方が取り上げられている。
「大日本物産圖會」提供：国立国会図書館

茶葉の品種改良や加工技術の開発、機械化が進み（32ページ）、明治時代の終わりごろには、約2万トンものお茶が世界に輸出され、日本の輸出金額の20％をしめ、日本経済を支えていました。

*2 現在の神奈川県横須賀市。　*3 カイコガの幼虫がつくったまゆから糸をとり出し、数本より合わせた糸。

欧米で人気となったお茶のラベル「蘭字」とは？

お茶を日本から海外に輸出するときには、木箱（「茶箱*4」とよばれます）に入れ、「アンペラ」という草で編んだむしろ（編みもの）に包み、「蘭字」とよばれるラベルをはりました。蘭字*5には、商品や出荷する国などの情報のほかに、富士山などの日本らしい風景や人物、動植物などがアルファベットとともに、浮世絵*6の技法を用いてえがかれ、海外で人気となりました。

*4 茶道の道具をもち運ぶための「茶箱」（2巻35ページ）とはべつのものです。　*5 蘭字の「蘭」とはオランダ（西洋）という意味。　*6 江戸時代にさかんだった色彩豊かな木版画。

提供：フェルケール博物館

戦争でお茶の生産が減少

第二次世界大戦（1939～1945年）が起こり、食糧が不足してくると、茶畑はいも畑に変えられ、製茶工場で使う燃料は軍需工場で兵器をつくるために使われ、男性は徴兵され、お茶の生産者も不足しました。1942年に6万1,000トンあったお茶の生産量は、終戦の1945年には2万3,700トンまで減少しました。

荒茶の生産量の変化

静岡県経済産業部農業局お茶振興課「静岡県茶業の現状」より作成

戦後、食糧支援の見返りとしてお茶の輸出が再開

終戦後の日本は、食糧不足におちいっていました。食糧生産が優先されたため、お茶の生産はしばらく落ちこんでいましたが、アメリカなどの連合国（戦勝国）が日本の食糧支援をおこない、その見返りとしてお茶（緑茶）の輸出をもとめ、お茶の生産がふたたび増加しました。同じ時期に、世界的なお茶の産地である中国で内乱が起き、中国のお茶の輸出量が落ちていたことも、日本のお茶の輸出量がのびた理由と考えられています。

健康ブームで人気！緑茶とまっ茶

現在、世界的に健康志向が高まり、ユネスコの無形文化遺産に登録された和食の人気などもあり、お茶の輸出が増加しています。2023年の緑茶の輸出額は過去最高の292億円、輸出量は7,579トン[7]で、おもにアメリカ、台湾、ドイツなどに輸出しています。緑茶の中でも、まっ茶などの粉末茶が料理や菓子の加工などに利用しやすいため人気です。いっぽう、国内の消費をおぎなうため、緑茶は海外（おもに中国）からも輸入しています。

＊7 静岡県経済産業部農業局お茶振興課「静岡県茶業の現状」

日本の緑茶の輸出・輸入量の変化

静岡県経済産業部農業局お茶振興課「静岡県茶業の現状」より作成、1870～1953年の輸入はかなり少ない

お茶づくりのうつり変わり

明治時代（1868〜1912年）にお茶（緑茶）の輸出がさかんになると、生産量を増やすため、お茶の栽ばいやつみとり、加工などの技術の開発が進みました。

お茶の育て方

種から挿し木へ

チャノキは、1本の木で受粉して種をつくる「自家受粉」をしないため、種にはほかのチャノキの性質がまざります。そのため、種（写真❶）から育てると木の大きさがそろわず（まんじゅう型の茶畑：写真❷）、茶葉の品質が安定しませんでした。1936年ごろ、品質のよい木の枝をとって「挿し木」（写真❸）で育てる方法が実用化されてからは、木が均等に育つため、うね状（写真❹）にそろえやすくなりました。新芽が出る時期がそろい、茶葉の収かくの時期もわかりやすく、機械での茶つみもしやすくなり、お茶の生産量を増やすことができました。

お茶のつみ方

手づみから機械づみへ

お茶の葉の収かくは昔は手づみ（写真❶）でおこなっていて、時間のかかるたいへんな作業でした。1915年に「手ばさみ」（図❷）とよばれる、片ほうの刃にふくろがついていて、かりとると同時に集めることができる道具がうまれました。1955年ごろ、動力がついた1人用の「摘採機」が開発され、やがて2人用の機械（写真❸）もでき、手づみにくらべて効率が数倍あがりました。現在は、車に乗りながらつみとりをおこなう「乗用型摘採機」（写真❹）や、茶畑のうねの間にレールをひいて自動で走行する機械を用いて茶葉のつみとりをおこなうところが増えています*1。

*1 傾斜がきつい土地などでは、従来の摘採機を用いています。

お茶の加工のしかた

手もみから機械もみへ

昔は荒茶（1巻6ページ）に加工する作業は手もみでおこなっていました（イラスト❶）。茶葉を新鮮なうちに、すばやく蒸してから、何回ももむ作業をくり返すため、時間もかかり、たいへんな作業でした。1896年に茶葉をもみながら熱風を当てて乾燥できる「粗揉機（写真❷）」という機械が開発され、作業時間を短くすることができました。この機械につづいて、そのほかのもむ工程の機械（写真❸）や、乾燥する機械なども開発されました。現在では、お茶を加工する温度や時間などをコンピューターで管理できるようになり、安定した品質のお茶が一度にたくさんつくれるようになりました。

❶ 昔のお茶づくりのようす。細長い茶葉になるまで、何度も熱した板の上でもむ作業をくり返すので、たいへんな作業だった。
「製茶説」
提供：国立国会図書館

❷ 明治時代に発明された「粗揉機」。
提供：伊藤園

❸ コンピューターで管理された現在の機械。
提供：伊藤園

日本のお茶づくりを支える「やぶきた」とは？

日本で登録されているお茶の品種はおよそ120種類。もっとも多く栽ばいされているのは「やぶきた」で、1986年に静岡県の杉山彦三郎という人が開発しました。竹やぶをたがやし、茶畑をつくり、中でも竹やぶの北と南に育った品質のよい木を「やぶきた」「やぶみなみ」と名づけました。やぶきたはよい品質の茶葉を多く収かくでき、日本の広い地域で栽ばいできるため、日本の茶畑の6割以上をしめています[*2]。チャノキの品種は、収かく時期で見ると、はやい順から「早生」「中生」「晩生」に分かれます。やぶきたは「中生」ですが、同じ時期の品種のみを育てると、つみとりの時期が重なってしまいます。そのため茶畑では、右の図に見られるような収かく時期のことなる品種も栽ばいしています。

静岡県静岡市にある「やぶきた」の原木。

農林水産省「茶をめぐる情勢（令和7年度）」より作成

[*2] 農林水産省「茶をめぐる情勢」より。

世界のお茶文化を見てみよう

日本にさまざまなお茶（緑茶）の種類（10ページ）があるように、世界でも特ちょうのあるお茶の文化があります。どんなお茶が飲まれているのでしょう？

イギリス
紅茶がもっとも多く飲まれている。1日に何度もティータイムがある（37ページ）。ミルクを加えて「ミルクティー」として飲む。

チベット
標高が高く（4,000m）、農地の少ない環境なので、栄養をおぎなうため、蒸した茶葉を粉にしてかためた「団茶」（24ページ）に塩とバターを入れた「バター茶」を飲む。

モロッコ
緑茶に砂糖とたっぷりのミントを入れて「ミントティー」として飲む。お茶をいれるのは一家の主の仕事で、客には銀のポットで高い位置からグラスについでもてなす。

トルコ
「チャイハネ」という喫茶店が多数あり、濃いめにいれた紅茶に砂糖を入れて飲む。「チャイダンルック」という2段に重なったポットと、チューリップ型のグラスを使う。チャイダンルックは下のポットでお湯をわかし、上のポットに茶葉を入れて濃さを調整して飲む。「サモワール」（35ページ）を使うことも。

インド
紅茶の茶葉とミルクを煮出してつくる「チャイ」がよく飲まれている。チャイの屋台も多い。素焼きの陶器のカップでチャイが提供され、客は飲み終わったらカップを地面にたたきつけて割り、土にかえす。

ベトナム
コーヒーを多く飲むが、緑茶もさかんに飲まれてきた。ハスの花で緑茶に香りをつけた加工茶である「ロータスティー」が有名。

ハスの花

ロシア

おもに紅茶が飲まれている。「サモワール」という金属製の湯わかし器でつねに熱いお湯を用意しておき、濃いめにいれた紅茶に自分でお湯を加えて好きな濃さにしてたのしむ。レモンやジャムがそえられるが、ミルクはほとんど入れない。

サモワール

中国

喫茶文化がうまれた国・中国でもっとも多く飲まれているのは緑茶。中国式の喫茶店「茶館」では、点心を食べたり、演劇を見たりしながら、お茶をたのしんでいる（36ページ）。

台湾

あまいミルクティーにタピオカを入れた「タピオカミルクティー」は台湾で1980年代にうまれた。「バブルミルクティー」「パールミルクティー」ともよばれ、屋台やカフェなどで売っている。

ミャンマー

ラペソー

お茶の葉（生葉）をゆでてもんだあと、つけもののように発酵させて食べる「ラペソー」という食べものがある。

アメリカ

「アイスティー」は、1904年の夏にアメリカで開かれた万国博覧会でうまれた。会場で紅茶を販売していたものの、あまりの暑さに紅茶が売れず、氷を入れて売り出したことがきっかけ。今もアメリカ人は、アイスティーで飲むことが多い。

マレーシア

紅茶を、2つのカップに交互に入れかえながら、あわ立たせて飲む。「テタレ」という。

35

中国とイギリスの お茶文化を見てみよう

お茶を飲む「喫茶」文化がうまれた国・中国と紅茶を広めた国・イギリスのお茶文化を見てみましょう。

中国の喫茶店「茶館」とは？

お茶を飲む習慣（喫茶文化）がうまれた中国では、お茶の種類も多く、各地でいろいろな飲み方がうまれました。中国ではお茶を飲む店を「茶館」といいます。茶館の歴史は古く、唐の時代（618〜907年）からあったといわれています。はじめは上流階級が集まる交流の場でしたが、やがてしょ民が休けいしたり、話をしたりする社交の場となりました。時代や地域によって名称も「茶寮」「茶楼」「茶居」などとよばれ、各地で発展してきました。たとえば演劇を見ながらお茶を飲める茶館や、お茶を

茶芸のひとつ「工夫茶」は、専用の茶道具で時間をかけててていねいにお茶をいれ、作法を見せる。工夫茶は、紅茶のことをさす場合もある。

いれるときの美しい動き「茶芸」を見てたのしむ茶館など、茶館のスタイルもさまざまです。

日本で人気のぎょうざも 中国のお茶文化のひとつ

お茶を飲みながらぎょうざやシュウマイなどの点心を食べる「飲茶」は、中国南部の広東省でうまれた文化です。朝から夕方までの間に茶館をおとずれて、点心をつまみながらお茶を飲みます。茶館の店員がワゴンにたくさんの点心をのせて運んでくるので、よびとめて好きなものを注文します。点心はしょっぱいものとあまいものがあり、日本でもなじみのあるぎょうざやあんまんも点心のひとつです。飲茶のときに飲むのは、おもにプアール茶*1です。さっ

ワゴンにたくさんつまれた点心。お店の人がワゴンを運んでくるので、好きなものを注文する。

ぱりとした味わいなので、点心と相性がよいといわれます。

*1 加熱して酵素のはたらきをとめた茶葉（9ページ）に、微生物をつけて微生物の力で発酵させてつくるお茶。プアール茶などの製法を「後発酵茶」といいます。

紅茶が大好きなイギリス人のティータイム

気候的に、はだ寒い季節が長い*2 イギリスでは、1日に何杯もお茶を飲み、体を温めます。朝昼晩の食事の時間はもちろん、食事の合間の休けい時間などに何度もお茶を飲む習慣があります。時間はさまざまですが、お茶の時間は欠かせません。いそがしい現代では、ティータイムの時間をきめてお茶をいただくことは少なくなってきているそうですが、それでも1日に何杯もお茶を飲む、イギリス人のお茶好きは変わりません。

*2 10〜4月の半年ほど、月の平均最低気温は5℃以下です。

ポイント
イギリスで飲まれるお茶はほとんどが紅茶で、ミルクを入れて「ミルクティー」にして飲むことが多いよ。

イギリスのおもなティータイム

● **アーリーモーニングティー**
朝、めざめてすぐに飲むお茶。

● **ブレックファーストティー**
朝食のときに飲むお茶。

● **イレブンジズティー**
午前10〜11時ごろ、午前の休けい時間に飲むお茶。モーニングティーブレイクとも。

● **ランチティー**
昼食のときに飲むお茶。

● **アフタヌーンティー**
午後3〜4時ごろ、午後の休けい時間に飲むお茶。

● **アフターディナーティー**
夕食後の団らんの時間に飲むお茶。

「アフタヌーンティー」は、いつはじまったの？

イギリスのティータイムの中で、日本でもよく知られているのはアフタヌーンティーです。1840年代に、貴族の女性アンナ・マリアがはじめたといわれています。当時、ロウソクからランプへと明かりが変わり、夜に活動できる時間が増えてきました。すると、夕食の時間がおそくなり、昼食との間も長くなります。おなかがすいたアンナ・マリアは、バターをぬったパンを食べ、紅茶を飲むようになりました。友人をまねいたときにもパンと紅茶をすすめ、お茶会を開くようになりました。やがてイギリス女王に知られるようになり、この習慣は国中に広まっていきました。

イギリスではホテルやレストランでも、アフタヌーンティーをたのしめる。お茶といっしょに2〜3段の皿にのったスコーンやサンドイッチなどをたのしむことも。

世界のお茶の産地を見てみよう

日本だけでなく、世界でも緑茶や紅茶、ウーロン茶などのお茶はつくられています。どんな国でお茶はつくられているのでしょう？

国連食糧農業機関（FAO）のデータベース「FAOSTAT（2023年）」より作成、国名は通称で記しています

お茶の栽ばいに適した地域は？

図は、お茶の栽ばいに適した地域と、世界でお茶を生産する国のうち、生産量が多い10位までの国の産地の特ちょうを示しています。チャノキは、雨が多くあたたかい地域でよく育ちます。とくに赤道をはさんで北緯45度から南緯45度＊の間の地域は、「ティーベルト」とよばれ、お茶づくりに適しているといわれています。世界のお茶（生葉）の生産量は約3,218万トンです（2023年）。1位〜10位までの産地の特ちょうを見てみましょう。

＊ 地球上での位置をしめすための座標のひとつ。赤道を0度として南北に90度まであり、赤道の北を北緯、南を南緯であらわしています。

インド 2位
すべてのお茶（生葉）を合わせると、634万トン以上つくっている。紅茶の生産では世界1位。1839年にはじめてインドで紅茶が栽ばいされた北東部の低地でつくられる「アッサムティー」、北東部の高地でつくられる高級な紅茶で知られる「ダージリンティー」、南部の高地でつくられ、地理的にも近いスリランカのセイロンティーに似た「ニルギリティー」などがある。

北緯45度

トルコ 5位
20世紀初頭に、トルコの北側の黒海沿岸にある都市リゼでお茶の栽ばいがはじまった。トルコ国内で飲むお茶のほとんどが国内でつくったお茶でまかなわれている。おもに紅茶がつくられる。

ウガンダ 9位
アフリカ大陸では、ケニアにつぐ産地。イギリスの植民地であった1909年に、インドやスリランカからお茶の種がもちこまれ、栽ばいがはじまった。おもに紅茶を生産している。

赤道

ケニア 3位
アフリカ大陸で最大のお茶の産地。イギリスの植民地であった1903年にインドからお茶の種がもちこまれ栽ばいがはじまった。栽ばい面積は4位。赤道付近に位置し、あたたかい気候なので、茶葉の成長がはやい。おもに紅茶を生産している。

バングラデシュ 8位
イギリスの植民地であった1840年代に栽ばいがはじまった。南東部のチッタゴンがおもな産地。丘陵地域で、斜面に茶畑がつくられている。おもに紅茶を生産している。

南緯45度

：ティーベルト地帯

ベトナム 6位

フランスの植民地だった19世紀末に、本国のフランスに輸出するお茶をつくるため、栽ばいがはじまった。1945年にベトナムが独立したのちは国内の産業として発展。生産するお茶の半分以上が緑茶。

中国 1位

お茶を飲む（喫茶）文化がはじまった国（36ページ）。お茶の生産量も栽ばい面積も世界1位。生葉の生産量はおよそ1,600万トン。おもな産地は雲南省や福建省など、南西の地域に多い。中国で多く飲まれているのは緑茶だが、紅茶やウーロン茶もつくられている。福建省の北部に位置する祁門（キーマンともいう）でつくられる紅茶は、インドのダージリン、スリランカのウバとともに世界3大紅茶といわれている。

インドネシア 7位

オランダの植民地であった1728年に中国からお茶がもちこまれ栽ばいがはじまった。いくつもの島からなるインドネシアの中でも、西部に位置するジャワ島やスマトラ島がお茶のおもな産地。おもに紅茶をつくっている。

アルゼンチン 10位

アメリカ大陸で最大の産地。1930年代にドイツ人によってお茶がもちこまれ栽ばいがはじまった。おもに紅茶が生産されている。

スリランカ 4位

昔はコーヒーの産地として知られていたが、1870年ごろにコーヒーの木が病気にかかり全めつしてから、かわりに紅茶がつくられるようになった。1972年に独立するまでは、国名は「セイロン」とよばれていたため、スリランカでつくった紅茶は国名が変わってからも「セイロンティー」とよばれている。日本も、紅茶の茶葉はスリランカから一番多く輸入している。

お茶の生産量が多い国は？

世界でもっともお茶を生産しているのは中国です。下のグラフを見ると、中国では年間約1,600万トン生産していて、日本（約30万トン）の約50倍です。お茶の栽ばい面積でも1位、輸出量*1は2位、消費量も多く（41ページ）、中国はお茶との結びつきが深い国であることがわかります。2位のインド、3位のケニア、4位のスリランカでお茶の生産量が多いのは、イギリスと深い関係があります。17～18世紀にイギリスはこれらの国ぐにを植民地として支配していました。イギリスをはじめとするヨーロッパの国ぐにでは、中国から伝わったお茶（紅茶）が人気の飲みものとなりましたが、ヨーロッパは気温も低く、お茶の栽ばいに適した気候ではありませんでした。そのため、植民地のアフリカやインド、東南アジアの国ぐにでお茶の栽ばいをするようになり、イギリス国内での消費用として、また輸出品として、お茶は重要な農作物となりました。第二次世界大戦後に、これらの国ぐには独立しましたが、現在もお茶の生産はさかんで、国の重要な輸出品となっています。

*1 お茶の輸出量（荒茶）1位はケニア（約55万トン）、2位は中国（約36万トン）、3位はスリランカ（約23万トン）です（国連食糧農業機関（FAO）のデータベース「FAOSTAT（2023年）」）。

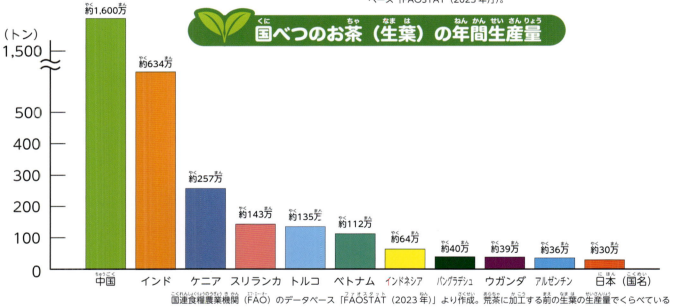

国べつのお茶（生葉）の年間生産量

国連食糧農業機関（FAO）のデータベース「FAOSTAT（2023年）」より作成。荒茶に加工する前の生葉の生産量でくらべている

もっともつくられているお茶は？

世界でもっともつくられているお茶は紅茶で、生産量の半分以上をしめています。お茶の生産量が1位の中国では半分以上が緑茶ですが、生産量が2位以下のインドやケニア、スリランカなどではおもに紅茶をつくっていて世界全体では紅茶の生産のほうが多いのです（2022年時点）。

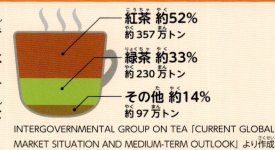

紅茶 約52% 約357万トン
緑茶 約33% 約230万トン
その他 約14% 約97万トン

INTERGOVERNMENTAL GROUP ON TEA「CURRENT GLOBAL MARKET SITUATION AND MEDIUM-TERM OUTLOOK」より作成

お茶の消費量が多い国は？

世界で多くお茶を飲む国（地域）はどこでしょう？ スリランカやトルコ、中国、ベトナムなどは、お茶の生産量が多い国でもあります（40ページ）。トルコは20世紀はじめにコーヒー豆の価格があがり*2、それにかわる飲みものとして国が紅茶の生産に取り組みはじめたので紅茶が国産飲料になりました。リビアやモロッコ、モーリタニア、イラク、カタールなどは、イスラム教を信仰している人が多い地域です。イスラム教では、飲酒が禁止されていることから、お茶をたのしむ文化が発展したと考えられます。中国、香港*3では飲茶文化（36ページ）が根づいています。香港は1997年までイギリス領だったため、紅茶もよく飲まれています。

*2 トルコの前身である「オスマン帝国」は第一次世界大戦で敗れて領土が減りました。そのときにコーヒーの産地を失ったため、コーヒーの価格があがりました。
*3 香港は中国の特別行政区ですが、統計ではべつになっています。

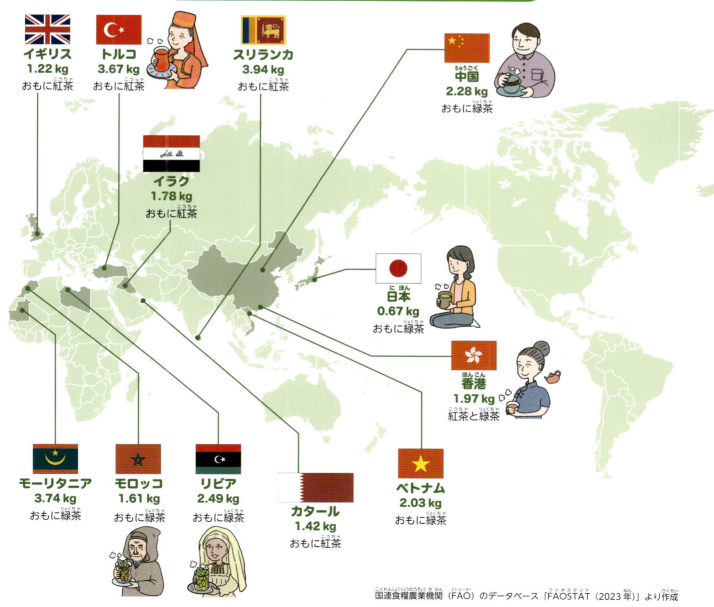

1人あたりのお茶の消費が多い国ぐに

- イギリス 1.22 kg　おもに紅茶
- トルコ 3.67 kg　おもに紅茶
- スリランカ 3.94 kg　おもに紅茶
- 中国 2.28 kg　おもに緑茶
- イラク 1.78 kg　おもに紅茶
- 日本 0.67 kg　おもに緑茶
- 香港 1.97 kg　紅茶と緑茶
- モーリタニア 3.74 kg　おもに緑茶
- モロッコ 1.61 kg　おもに緑茶
- リビア 2.49 kg　おもに緑茶
- カタール 1.42 kg　おもに紅茶
- ベトナム 2.03 kg　おもに緑茶

国連食糧農業機関（FAO）のデータベース「FAOSTAT（2023年）」より作成

世界のお茶の歴史を見てみよう

中国でうまれた喫茶文化は、どのように世界に広まっていったのでしょうか。

🍃 ヨーロッパにお茶が伝わった

ヨーロッパでお茶をよく飲む国といえば、紅茶を飲むイギリスが思いうかぶことでしょう（37ページ）。けれども、じつはヨーロッパではじめてお茶が伝わった国はオランダでした。お茶は、ヨーロッパの国ぐにが貿易のために海外に進出をはじめた大航海時代（15〜17世紀）にヨーロッパに伝わります。お茶も交易品のひとつとして伝わりました。

1610年、オランダ人ははじめて日本の長崎で緑茶を購入し、ヨーロッパにもち帰りました。1650年代には、オランダは中国でお茶を購入して、イギリスやフランスなどヨーロッパの国ぐにに販売するようになります。中国から購入したお茶の中には紅茶に似た半発酵のお茶もありました。やがてヨーロッパでは紅茶が人気となっていきます。

イギリスにお茶を広めたキャサリン妃

1650年代に、オランダからイギリスにお茶が伝わりますが、イギリスではすぐにお茶は広まりませんでした。このころ、イギリスではコーヒーが流行していて、1657年にはじめてお茶が売り出されたのも、コーヒーショップ*1でした。イギリスにお茶を広めるきっかけをつくったのは、1662年にイギリス国王のチャールズ2世と結婚したキャサリン妃です。キャサリン妃は、よめ入り道具としてポルトガルからお茶と砂糖、茶道具を持参して、砂糖を入れたお茶をたのしみ、宮ていの貴族たちにもお茶をふるまいました。こうしてイギリスの貴族たちを中心に、お茶が流行していったのです。

*1 コーヒーハウスとよばれていました。

キャサリン妃（1638〜1705年）
提供：メトロポリタン美術館

お茶が起こした！？ 世界史の２大事件

17〜18世紀、ヨーロッパの国ぐにはアメリカ大陸へ進出しました。アメリカにはじめてお茶を伝えたのはオランダの東インド会社です。やがてアメリカ大陸をめぐり争っていたイギリスがオランダに勝利し、戦にかかった費用をおぎなうため、高い税金をかけてお茶などの商品をアメリカで販売します。現地ではイギリスへの不満から不買運動などが起こったため、お茶以外の税金は廃止されました。ところが、経営が落ちこんだイギリスの東インド会社を救うため、イギリス政府が東インド会社にアメリカでお茶を独占的に販売する許可をあたえます。高い値段でお茶を販売したため、ふたたび現地の反発がおこり、1773年、ボストン港の船に積まれたお茶が海に投げ捨てられる事件「ボストン茶会事件」＊2がおこりました。これはやがてイギリスからの独立運動へとつながっていきました＊3。また、19世紀にはイギリスでお茶の消費量が増え、中国からの輸入が増加したため、お茶への支払い＊4が増えたイギリスは財政難におちいります。イギリスは植民地のインドで栽ばいしたアヘンや綿織物（綿花）を中国に販売し、中国からお金を引き出そうと考えます。アヘンは麻薬の一種で、中国では麻薬中毒者も増え、財政難になり、イギリスと戦になりましたが（「アヘン戦争」＊5とよばれます）、イギリスの軍事力には勝てませんでした。

＊2 「ボストン・ティーパーティー」ともよばれます。　＊3 アメリカ独立戦争（1775〜1783年）。1776年に「アメリカ独立宣言」が発布されました。
＊4 当時は銀で支払っていました。
＊5 アヘン戦争（1840〜1842年）。中国は、香港をイギリスに渡すほか、上海などの5つの港を開くことになりました。香港は1997年に中国に返還されました。

イギリスのお茶栽ばいが世界に広がる

19世紀のイギリスでは、しょ民の間でもお茶（紅茶）を飲む習慣が広まっていました。中国からの輸入だけでは足りず、栽ばいを研究していましたが、イギリスの気候はお茶の栽ばいに適していませんでした。冒険家で軍人のロバート・ブルースが、1823年、イギリスの植民地であったインドのアッサム地方で、お茶の木を発見しました。この木は「アッサム種」（5ページ）とよばれ、ブルースの弟であるC・A・ブルースがインドでお茶の栽ばいをはじめ、インドに茶園が広がります。イギリスはお茶を本国へ輸出するために、お茶の産地ダージリンからお茶を運ぶため、「ダージリン鉄道＊6」を完成させます。

インドのダージリン・ヒマラヤ鉄道。

インドでの成功につづき、イギリスは、インド南方のセイロン島（現在のスリランカ）でも茶の栽ばいをはじめます。当時セイロン島では、オランダの東インド会社によってもちこまれ、栽ばいされていたコーヒーが「さび病」という病気にかかり絶えていました。そこで、お茶の栽ばいに切りかえたところ、世界でも有数のお茶の産地になりました。

＊6 現在のダージリン・ヒマラヤ鉄道。

お茶が学べる博物館に行こう

お茶のことを学んだり、体験できたりする施設を紹介します。
お茶を味わったり、歴史を知ったりして、もっと身近に感じてみましょう。

＊掲載の施設の情報は、2025年1月時点のものになります。展示の内容は変更になることがあります。事前にご確認のうえお出かけください。施設のホームページはQRコードから見られます。

京都府

お茶と宇治のまち交流館 茶づな

宇治茶の文化や歴史を学べる施設。展示コーナーでは、おいしいお茶のいれ方なども紹介。茶うすを使って自分でひいたまっ茶を飲む体験もできる。

福寿園 CHA 遊学パーク

茶畑での茶つみや茶葉（生葉）からせん茶をつくる宇治茶づくり、茶うすでまっ茶をひく体験など、お茶に関するさまざまな体験ができる。

大阪府

さかい利晶の杜

大阪府堺市出身の千利休や堺の歴史が学べる施設。茶室での茶の湯体験や、千利休がつくった国宝の茶室「待庵」を復現した「さかい待庵」の見学ができる。施設の向かいには、千利休屋敷跡がある。

福岡県

茶の文化館

600年以上の歴史がある八女市特産の八女茶の歴史などを伝える施設。ほうじ茶づくりや手もみ緑茶づくりが体験できる。

佐賀県

うれしの茶交流館「チャオシル」

うれしの茶の歴史やお茶づくりの工程を紹介。お茶のいれ方教室や温泉水を使った茶染め、釜いり茶の手もみなどの体験ができる。

鹿児島県

畑の郷 水土利館

南薩摩地域のお茶づくりと農業やくらしについて学べる施設。お茶の手もみ体験ができ、お茶と菓子が味わえるカフェもある。

| 愛知県 | まっ茶ミュージアム西条園 和く和く |

まっ茶に関する体験型ミュージアム。茶うすでまっ茶をひくようすの見学や、オリジナルのまっ茶がつくれるブレンド体験などができる。

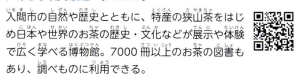

| 埼玉県 | 入間市博物館（ALIT） |

入間市の自然や歴史とともに、特産の狭山茶をはじめ日本や世界のお茶の歴史・文化などが展示や体験で広く学べる博物館。7000冊以上のお茶の図書もあり、調べものに利用できる。

| 茨城県 | 奥久慈茶の里公園 |

茨城県の3大茶産地のひとつ、奥久慈茶の産地にある施設。自然豊かな公園に本格的な茶室があり、まっ茶体験ができる。新茶の時期には茶つみ体験も。

| 東京都 | お茶の文化創造博物館 |

お茶の歴史やつくり方、喫茶の習慣などを紹介する伊藤園の博物館。茶つみのようすが見られるお茶シアターや、江戸時代の茶屋の再現など、見どころも豊富（1巻49ページ）。

静岡県

グリンピア牧之原

全国最大級の茶園が広がる牧之原地域にある施設。牧之原の歴史やお茶づくりの機械などの展示のほか、茶つみ体験や仕上げまでのお茶づくりのすべての工程が見学できる。

ふじのくに茶の都ミュージアム

代表的なお茶のつくり方や、めずらしいお茶の展示のほか、茶道体験や茶うすでまっ茶をひく体験などができる。

KADODE OOIGAWA

「緑茶ツアーズ」では、自分がお茶の葉に変身して「蒸す」「もむ」「火入れ」の体験をしながらお茶のつくり方をたのしく学べる。ツアーの最後にはお茶の飲みくらべもできる。

フォーレなかかわね茶茗舘

静岡県川根本町のお茶づくりを、パネルなどを使って紹介。茶室では庭園をながめながら、川根茶の試飲体験ができる。

お茶にまつわる言葉を見てみよう

お茶は古くからわたしたちのくらしに身近なものだったため、日本語の中にはお茶にまつわる言葉やことわざがたくさんあります。いくつ知っていますか？

＊言葉の由来や解釈には、ここで紹介するもの以外にも諸説あります。

朝茶は福がます
朝に飲むお茶は1日のわざわいから守ってくれるだけではなく、その日1日を幸せにすごすことができるという意味。

お茶の子さいさい
「お茶の子」とはお茶にそえて出される菓子のこと。おなかにたまらない軽い菓子が多かったことから、かんたんに片づけられるという意味で使われる。「さいさい」は、歌の調子をととのえたり、リズムをよくしたりするための言葉（はやし言葉）。

お茶をにごす
茶道に通じていない人が、てきとうにお茶をたててお茶をにごらせてしまったことから、いい加減にその場をごまかすことをあらわしている。

茶化す
まじめな話を、冗談をいってごまかすようすをあらわす。ひと休みするときに「お茶をする」という表現から、その場をはぐらかすという意味に変化した。

茶々を入れる
会話をしているところに割って入り、ひやかしを入れること。お茶をおいしくいれるには茶葉とお湯のバランスが大事だが、それを考えずに適量以上に茶葉を入れると台なしになることに由来する。

茶柱が立つ
お茶のくきや葉のじくが、茶わんの中で立っているようす。とてもめずらしいため、縁起がよいとされる。

茶番
お茶を客にふるまう人のことや、見えすいたふるまいのこと。江戸時代、歌舞伎の楽屋（ひかえ室）で下っぱの役者がこっけいな狂言「茶番狂言」を演じていたことに由来する。

日常茶飯事
「茶飯」とは、毎日のお茶と食事のこと。毎日のお茶と食事のように、毎日おこるような、あたりまえでありふれたできごとをあらわす。

二番せんじ
前にあったことをまねすること。オリジナリティがないという意味で用いられる。一度せんじた（いれた）茶葉を、もう一度せんじると味が薄いことに由来する。

へそで茶をわかす
おかしくてたまらないことのたとえ。大笑いするとへそのあたりがゆれるようすを、茶釜の湯がふっとうするようすに見立てて使われるようになった。

めちゃくちゃ（目茶苦茶）
すじ道が通らないこと。上質なお茶は熱すぎるお湯でいれると、本来のうまみやあまみが出ずに苦くなり、台なしになることから。「めちゃめちゃ」「むちゃくちゃ」も同じ意味。

よいごしの茶は飲むな
「よいごし」とは一晩たつこと。一晩置いたお茶は、香りや味が落ちるため、お茶はいれたてのものを飲んだほうがよいという意味。

さくいん

あ 行

アイスティー	35
足利義政（あしかがよしまさ）	26
頭茶（あたまちゃ）	12
アッサム種	5,43
アッサムティー	38
アフタヌーンティー	37
アヘン戦争	43
アミノ酸	14,19
荒茶（あらちゃ）	8,20,31
一服一銭の茶（いっぷくいっせんのちゃ）	27
隠元禅師（いんげんぜんじ）	29
ウーロン茶	9
永忠（えいちゅう）	24
淹茶（えんちゃ）	29
炎帝神農（えんていしんのう）	4
大福茶（おおぶくちゃ）	25
おすし	19
お茶つぼ道中（おちゃつぼどうちゅう）	28
お茶	
味（あじ）	18
温度（おんど）	19
加工のしかた（かこう）	33
産地（さんち）	20,38
種類（しゅるい）	10
消費量（しょうひりょう）	22,41
生産量（せいさんりょう）	40
成分（せいぶん）	14
育て方（そだてかた）	32
つみ方（かた）	32
博物館（はくぶつかん）	44
はたらき	16
品種（ひんしゅ）	33
輸出（ゆしゅつ）	30,31
よび方（かた）	7

か 行

会所の茶（かいしょのちゃ）	26
カテキン	14,16,17,19
カフェイン	14,16,19
釜いり製玉緑茶（かまいりせいたまりょくちゃ）	11
唐物（からもの）	26
北野大茶湯（きたののおおちゃのゆ）	27
『喫茶養生記』（きっさようじょうき）	25
キャサリン妃	42
京番茶（きょうばんちゃ）	12
玉露（ぎょくろ）	10,29
空也（くうや）	25
黒豆茶（くろまめちゃ）	13

くわの葉茶（はちゃ）	13
遣唐使（けんとうし）	24
玄米茶（げんまいちゃ）	11
酵素（こうそ）	8
紅茶（こうちゃ）	9,34,35,37,40,42
粉茶（こなちゃ）	19
こんぶ茶	13

さ 行

嵯峨天皇（さがてんのう）	24
殺青（さっせい）	9
サポニン	15
サモワール	35
秋冬番茶（しゅうとうばんちゃ）	12
食物せんい（しょくもつ）	15
杉山彦三郎（すぎやまひこさぶろう）	33
セイロンティー	39
せん茶	10,29
千利休（せんのりきゅう）	27
そば茶（ちゃ）	13

た 行

大名茶人（だいみょうちゃじん）	28
武野紹鷗（たけのじょうおう）	27
ダージリンティー	38
タピオカミルクティー	35
チャイダンルック	34
チャノキ	4
茶外茶（ちゃがいちゃ）	13
茶館（ちゃかん）	36
『茶経』（ちゃきょう）	4
茶芸（ちゃげい）	36
茶せん（ちゃ）	12
チャイ	34
茶の湯（茶道）（ちゃのゆ）（さどう）	26,27,28
茶店（ちゃみせ）	29
中国種（ちゅうごくしゅ）	5
テアニン	14,16
ティータイム	34,37
ティーベルト	38
点心（てんしん）	36
てん茶（ちゃ）	10
東亜半月弧（とうあはんげつこ）	6
闘茶（とうちゃ）	26
トウモロコシ茶（ちゃ）	13

な 行

永谷宗円（ながたにそうえん）	29
日米修好通商条約（にちべいしゅうこうつうしょうじょうやく）	30

は 行

バター茶（ちゃ）	34
発酵（はっこう）	8
ハト麦茶（むぎちゃ）	13
番茶（ばんちゃ）	11,12,29
東インド会社（ひがしがいしゃ）	43
ビタミン（B$_2$，C）（ビーツー，シー）	15
プアール茶（ちゃ）	36
深蒸しせん茶（ふかむし）	10
振り茶（ふりちゃ）	12,29
文人茶（ぶんじんちゃ）	29
粉末茶（ふんまつちゃ）	19,31
餅茶（へいちゃ）	24
ペリー	30
ほうじ茶（ちゃ）	11
保健機能食品（ほけんきのうしょくひん）	16
ボストン茶会事件（ちゃかいじけん）	43
ボテボテ茶（ちゃ）	12

ま 行

まっ茶（ちゃ）	10,31
マテ茶（ちゃ）	13
源実朝（みなもとのさねとも）	25
ミネラル	15
明恵（みょうえ）	25
ミルクティー	34
ミントティー	34
麦茶（むぎちゃ）	13
村上天皇（むらかみてんのう）	25
村田珠光（むらたじゅこう）	27

や・ら・わ 行

やぶきた	33
山本嘉兵衛（やまもとかへえ）	29
飲茶（やむちゃ）	36
栄西（ようさい）	25
ラペソー	35
蘭字（らんじ）	30
陸羽（りくう）	4
緑茶（りょくちゃ）	8,9,10,11,22,23,30,31
緑茶飲料（りょくちゃいんりょう）	22
ルイボスティー	13
ロータスティー	34
ロバート・ブルース	43
和食（わしょく）	31
わび茶（ちゃ）	27

47

監修 中村順行（静岡県立大学 茶学総合研究センター・センター長）

40年以上の長きにわたり茶業の研究にたずさわる。チャの品種改良などを中心に研究をおこない、「おくひかり、さわみずか、山の息吹、香駿、つゆひかり、ゆめするが、しずかおり」などの品種育成や、その普及につとめた。その後、日本初の茶の総合研究センターである静岡県立大学茶学総合研究センターの設立にたずさわり、茶の生産から加工、マーケティングまで幅広い分野で活躍している。おもな著書に『和菓子と日本茶』（共著、思文閣出版）、監修書に『緑茶はすごい！─健康寿命をぐんぐん延ばす　淹れ方・飲み方・選び方』（中央公論新社）などがある。

スタッフ

- ● イラスト　　　　　いしかわみき
- ● デザイン・DTP　　ダイアートプランニング（高島光子、野本芽百利）
- ● 執筆協力　　　　　水本晶子
- ● 校正　　　　　　　夢の本棚社
- ● 編集協力　　　　　株式会社スリーシーズン（永渕美加子）
- ● 写真協力　　　　　中村順行、伊藤園、ピクスタ、
　　　　　　　　　　　メトロポリタン美術館　P29:The Howard Mansfield Collection, Purchase, Rogers Fund, 1936 ／ p.42:　Rogers Fund, 1922

参考文献

『一杯の紅茶の世界史』（磯淵猛著、文藝春秋）、『お茶の歴史』（ヘレン・サベリ著、原書房）、『改訂版 日本茶のすべてがわかる本: 日本茶検定公式テキスト』（日本茶検定委員会監修、NPO法人日本茶インストラクター協会 企画・編集、農山漁村文化協会）、『喫茶の歴史』（木村栄美著、淡交社）、『紅茶が動かした世界の話』（千野境子著、国土社）、『紅茶の教科書』（磯淵猛著、新星出版社）、『紅茶の事典』（松田昌夫／荒木安正著、柴田書店）、『紅茶の大事典』（日本紅茶協会編、成美堂出版）、『心と体に効くお茶の科学』（小国伊太郎総監修、ナツメ社）、『図解でわかる！ からだにいい食事と栄養の教科書』（本多京子監修、永岡書店）、『世界の茶文化図鑑』（ティーピッグズ／ルイーズ・チードル／ニック・キルビー著、原書房）、『茶の世界史 緑茶の文化と紅茶の社会』（角山栄著、中央公論新社）、『中国茶の事典』（成美堂出版編集部編著、成美堂出版）、『中世の喫茶文化』（橋本素子著、吉川弘文館）、『日本史広辞典』（日本史広辞典編集委員会編、山川出版社）、『日本茶の歴史』（橋本素子著、淡交社）、『緑茶の事典』（日本茶業中央会監修、柴田書店）、『緑茶はすごい！─健康寿命をぐんぐん延ばす　淹れ方・飲み方・選び方』（中村順行／海野けい子監修、中央公論新社）、『令和6年版 茶関係資料』（公益社団法人 日本茶業中央会）

伝えよう！ 和の文化　お茶のひみつ④ **お茶の文化と歴史を知ろう**

2025年2月20日　初版第1刷発行

監修　中村順行

編集　株式会社 国土社編集部

発行　株式会社 国土社
　　　〒101-0062 東京都千代田区神田駿河台2-5
　　　TEL 03-6272-6125　　FAX 03-6272-6126
　　　https://www.kokudosha.co.jp

印刷　株式会社 瞬報社

製本　株式会社 難波製本

NDC 619,617,596,383　48P/29cm　ISBN978-4-337-22704-0　C8361
Printed in Japan © 2025 KOKUDOSHA

落丁・乱丁本は弊社までご連絡ください。送料弊社負担にてお取替えいたします。